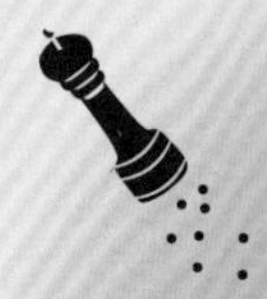

MALIN'S DESSERT
马琳的点心书

核桃和妈妈的烘焙时光

马琳 著

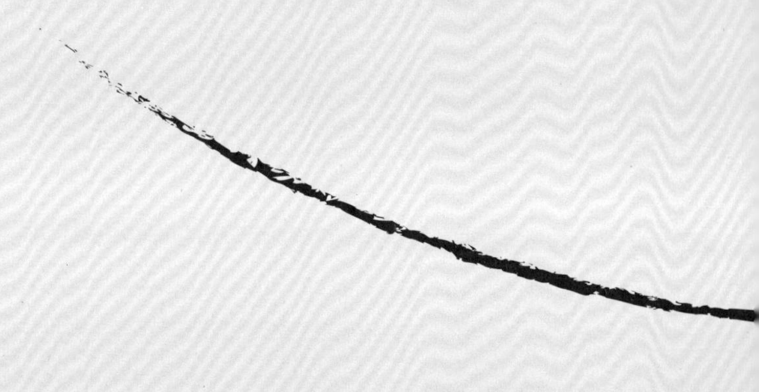

湖南科学技术出版社

图书在版编目（C I P）数据

核桃和妈妈的烘焙时光 / 马琳著. -- 长沙 : 湖南科学技术出版社, 2017.1
（马琳的点心书）
ISBN 978-7-5357-9148-1

Ⅰ. ①核… Ⅱ. ①马… Ⅲ. ①烘焙－糕点加工 Ⅳ. ①TS213.2

中国版本图书馆 CIP 数据核字(2016)第 282017 号

HETAO HE MAMA DE HONGBEI SHIGUANG
核桃和妈妈的烘焙时光
著　　者：马　琳
责任编辑：李文瑶
出版发行：湖南科学技术出版社
社　　址：长沙市湘雅路 276 号
http://www.hnstp.com
湖南科学技术出版社天猫旗舰店网址：
http://hnkjcbs.tmall.com
邮购联系：本社直销科 0731-84375808
印　　刷：长沙市雅高彩印有限公司
（印装质量问题请直接与本厂联系）
厂　　址：长沙市开福区德雅路 1246 号
邮　　编：410008
版　　次：2017 年 1 月第 1 版第 1 次
开　　本：710mm×1000mm　1/16
印　　张：15.25
书　　号：ISBN 978-7-5357-9148-1
定　　价：45.00 元

有时候，我经常会想，在我们这些八零后小的时候，那会儿的文娱生活肯定比现在匮乏得多。爸爸妈妈在下班之后或者在每个周末，都陪我们做些什么呢？那时候没有早教、没有左右脑开发，也没有各种炫酷的兴趣班。比如泥塑、国文、珠心算、机器人、跆拳道、击剑、游泳等，可能你接触过，但绝对是少数对吧。也不太流行儿童话剧、舞台剧、绘本等这些听起来高上大的陶冶情操的活动。

我从来不认为多才多艺是件坏事，甭管它将来用不用得上，它都会一直在那里，影响着你的一生。没错，就是这么严重。打个比方说，你学会了骑自行车，尽管以后可能再也不会去骑，但这个技能你却忘不掉。可如果你指望每一样你学过的或者你孩子学过的才艺都能在以后赚钱，恐怕真是你想多了。仅就是等我们老了以后，还可以每天弹弹琴、唱唱歌、练练书法，我就觉得年轻时坚持学了几年的爱好真是赚到了。

但是除了那短暂的排球和国画学习经历之外，我什么都没去学过。所以长大后的我觉得自己很匮乏，觉得自己是个无聊的人。很长时间以来，我不知道如果学习不好，我还能去做什么？幸好，经过了很多年的尝试与寻找，做过售货员，当过老师，开过咖啡馆，

做过编辑，我终于能在一件事情上坚持下来。这就是烘焙。

当有了孩子之后，我会思考一个问题：他的爱好由他自己决定，但是最初的引导却在父母这里。譬如爱看书的家庭，孩子必然爱看书；爱清洁的家庭，孩子必然爱干净。最初的时间，其实我也不知道自己到底能成为一个怎样的妈妈。直到看到一个电视剧里的一段话：你只要做好自己，做孩子的榜样就好了。

所以，我和他一起烤饼干，不是要他以后一定要和烘焙有什么关系，只是要他感受到妈妈的这份坚持。无论做什么事，最重要的就是坚持。而每个小孩子都喜欢展现他们的动手能力，从他咿呀学语的时候你做给他吃，到他可以和你一起烤点心分给大家吃，这是现在很多妈妈都在享受的一种生活方式，也是最好的亲子时光啊。

或许烘焙不会成为我的终身职业，但是却让我每一天都很快乐，这快乐足以影响到我对生活的态度。我只是希望我的孩子能成为一个快乐的人，有一些让他快乐的爱好。哪怕爱好只是烤烤点心、做做饭。

讲个笑话吧，有一个朋友微博里问我，冰箱里的黄油要怎么用？我说三步，打开冰箱，取出黄油，关上冰箱。虽然是个笑话，但我估计他是问取出来之后要怎么处理。由此我就想啊，肯定有很多刚开始接触烘焙的人，在很多小细节上，都会存有疑问。不由得想到我刚开始接触烘焙的时候，每次做点心都手忙脚乱的样子。

所以我觉得我应该把这些小细节挑出来告诉大家，这些小问题其实早有答案。

黄油究竟应该冷冻保存还是冷藏保存？

亲，这取决于你准备啥时候用掉这块黄油，如果三五天或一个礼拜就会用掉，那冷藏是没有问题的。而如果你半个月或者三五个月，甚至半年都提不上日程，那就冷冻保存吧。一般黄油的标签上都会写着可以冷冻保存两年。

从冰箱里取出黄油之后应该怎么软化？

不管是冷冻还是冷藏的黄油，取出来之后可以等稍微回温到能切动的程度，再切成小块放在容器中，如果是夏天，室温放置在温暖处很快就会软化；如果天气比较凉，可以隔着一盆温水，然后用刮刀搅拌，直到比较柔软。在软化的过程中，如果因为温度太高而有些融化的话也没有关系，你只需要用刮刀把黄油块按压搅拌到一起并拌匀，然后再用打蛋器搅打均匀就好了。最终的软化状态应该是用手指戳下去会形成一个很柔软的洞，没有阻力。

配方里的一个鸡蛋到底是多大的鸡蛋？

一般一个鸡蛋指的是去壳后50克左右的鸡蛋。不要问我土鸡蛋蛋黄比较大行不行，是鸡蛋就行。

我的量勺只有15mL、5mL、2.5mL这样的数字，代表多少勺？

一大勺=15毫升=15克；一小勺=5毫升=5克。一大勺是汤匙；一小勺是茶匙。

为什么我加了小苏打和泡打粉觉得很苦？

首先一定要按量来加，一定要用量勺，因为有时候太小的克数电子称可能感应得不够精确。其次我推荐使用斧头小苏打和拉姆雷德泡打粉。

怎么判断是动物性黄油？

把黄油融化成液体，然后冷藏到凝固，用刮刀轻轻戳一下表面，就会有白色的液体溢出，这个就是牛奶。动物性黄油是由牛奶提炼的。

烘焙可以使用普通的面粉吗？

我们家里面的面粉一般都是中筋面粉，就是蛋白质含量在8～10.5，通常用来做面条、馒头、饺子；做饼干和蛋糕一般用的是低筋面粉，蛋白质含量在6.5～8.5，麸质较少，做的饼干和蛋糕的口感就比较蓬松；而做面包使用的则是高筋面粉，蛋白质含量在10.5～13.5，容易产生面筋，所以做面包的时候是不能用其他面粉代替的。不过如果只是做蛋糕或者饼干，实在没有低筋面粉的情况下，普通面粉也是可以使用的。

About Seven Babies

关于 7 个小屁孩

小时候，我常被称为小屁孩，现在是穿着开裆裤露着屁股的小孩子的妈妈了。他们正在咿咿呀呀地学说话、歪歪扭扭地学走路、颤颤抖抖地学吃饭。比如这七个小屁孩，核桃、哈哈、松果、葡萄、豆芽、小久和小核桃……这是我们每个人人生的起点，如果能够从这时起就有一起玩耍、一起哭、一起笑，一起见证彼此成长的朋友们，该是多铁的情意呀。

所以就有了七个妈妈的联合，有了“七宝玩西安”的群，有了“七宝玩西安”这个订阅号。我们平时是生活中的好朋友，每个人有不同的职业，因为先后怀孕和生孩子，让我们的交流更加热络起来，想要给孩子们足够的陪伴和爱，给孩子们最快乐的成长历程。记录，让爱和陪伴才有意义。我们用图片和文字记录七个孩子的成长，组织更多的亲子活动，分享育儿经验给更多的妈妈，让我们的亲子圈变得越来越壮大。七个宝宝中最大的核桃哥马上就要上幼儿园的小小班了，感觉时光的飞快，从见证一个个宝宝的出生到爬行、到奔跑、到上学……虽然回头看看有很多的辛苦，但是我们对时光的付出，最后时光都会再回赠给我们。

如果想跟我们一起交流育儿经验，参加更多的亲子活动，可以关注我们的微信订阅号：七宝玩西安。

1. 烤箱放置的位置一定要在孩子够不到的地方

不只是小宝宝，稍大一点的孩子也会充满好奇心，想要近距离地观察烤箱里食物的变化。所以最好把烤箱放得高一些，在孩子不容易伸手就够到的地方。其次要告诉孩子，烤箱的温度非常高，烤箱门和烤箱表面都是不能触摸的，即使烘烤结束后，烤箱散热也需要一些时间。所以如果孩子想要观察食物的变化，最好陪着孩子一起，不要让孩子独自在烤箱前哦。

2. 电动及电子设备要在爸妈的帮助下使用

比如说电动打蛋器、厨师机、微波炉等，爸爸妈妈可以帮孩子设定好，因为和电源有关的工作对于孩子来说都是比较危险的哦。

3. 购买孩子专用的厨房餐具

孩子用的刀子可以选择儿童专用的塑料或者树脂材质的，容器也不要选择玻璃、陶瓷这些易碎的材质。

4. 请保证孩子操作的独立性

因为自己也开了烘焙教室，所以对于这一点深有体会。很多时候，所谓的亲子烘焙课，最后变成了爸妈的成果。因为他们太想要帮孩子完成一些事情，觉得他们办不到。实际上除了危险的步骤以外，我觉得孩子们都是可以独立完成的。只是大人们太在意做出来的结果，一定要美观、要美味、要像个饼干、像个蛋糕、像个某某某……任其发挥，才不会影响了孩子们的创造力。

5. 这不是在玩

和橡皮泥、陶塑、泥塑不同的是，我们一起做出来的糕点是要吃进肚子里的，所以得认真去对待这个事情。参与烘焙之前，要先洗手，告诉他们，现在做的这些是要什么时间吃的，是做给谁吃的。比如告诉他我们一起在做的，是明天的早餐，如果不认真做好，那明天早上就没有早餐吃了，这是一份责任感。

How

烤箱到底要怎么选呢？

给你一点选烤箱的小贴士

经常会有朋友在微博、博客或者订阅号里问我，自己到底该买哪一款烤箱呢？其实我推荐的原则很简单——那就是真的好用。

那么什么才是真的好用呢？举个例子吧。我六年前的第一台烤箱，它既没有上下管独立控温的功能，也没有热风循环的功能，甚至连内部照明都没有。然而我到今天还在用它，却从未出现过任何问题。所以说，耐用肯定是好的标准之一。

其次，烤箱对我们来说最重要的就是温度，这样书上那些配方里的参考温度和时间才有意义。而检验温度精准的办法也很简单，那就是放置一个烤箱温度计，当然温差越小越好。还有就是上下管的加热一定要均衡，不会出现底火过大或者上火过大的情况。

然后就得说说烤箱的功能了。现在基本上算是标配的几个功能，上下管独立控温、热风循环、低温发酵，甚至是 WIFI 控制，我分别给大家说说区别吧。

上下管独立控温：就是上管和下管可以分别选择不同的温度，比如说你觉得表面上色太快了，你可以降低上管的温度，反之如果底部上色太快，就降低下管的温度。除此之外，对于一些对上下温差要求比较高的糕点，比如虎皮蛋糕，就需要通过上下火的温差来形成表面的纹路。

热风循环：就是烤箱内部有热风在里面循环，可以让糕点受热更加均匀。像以前的老烤箱，通常都是靠近门的糕点上色浅，靠里的糕点上色深，或者是左边上色浅，右边上色深这样的情况出现。有了热风循环这个功能以后，你就不必在中途取出烤盘调整烤盘的方向再放入烤箱。

低温发酵：做面包发酵面团、发酵酸奶都可以用到这个功能。类似一个小的发酵箱的功能，只是在发酵面包面团的时候，还需要在里面放一盆热水来保持湿度。

最后再说说现在比较流行的**智能烤箱**，就是可以用手机通过网络来操作烤箱。智能烤箱都有自己的 APP，上面会有食谱，有的还有一键烘焙的功能，所以选个你喜欢的食谱，制作完成放入烤箱以后，你就可以一键完成整个烘烤过程。

发酵箱我们怎么选？

给孩子做早餐，面包是最好的选择之一。自己做的面包低糖低油，重点是没有任何的添加剂。而且有酵母，对胃比较好。自从我有了一台发酵箱之后，发酵就变得十分简单。

首先它的尺寸要合适，我觉得可以同时满足我发酵三四种面包的就比较好。不然你想啊，做面包那么费时间，一次只做一个，岂不是太浪费。然后就是温度和湿度控制得要精准，我会在里面放一个温度计测温度，完全没有温差。

其实我觉得国产品牌就很好，性价比很高，除了发酵面包，还可以恒温做酸奶和米酒，也能做肉干和纳豆，等等。而这样一个三层的发酵箱，除了家里很好用之外，如果你的孩子正在上幼儿园，真的是得买一个，因为你会发现，他幼儿园里的好朋友真的太多了，他会说，妈妈，我明天还要带面包去学校。

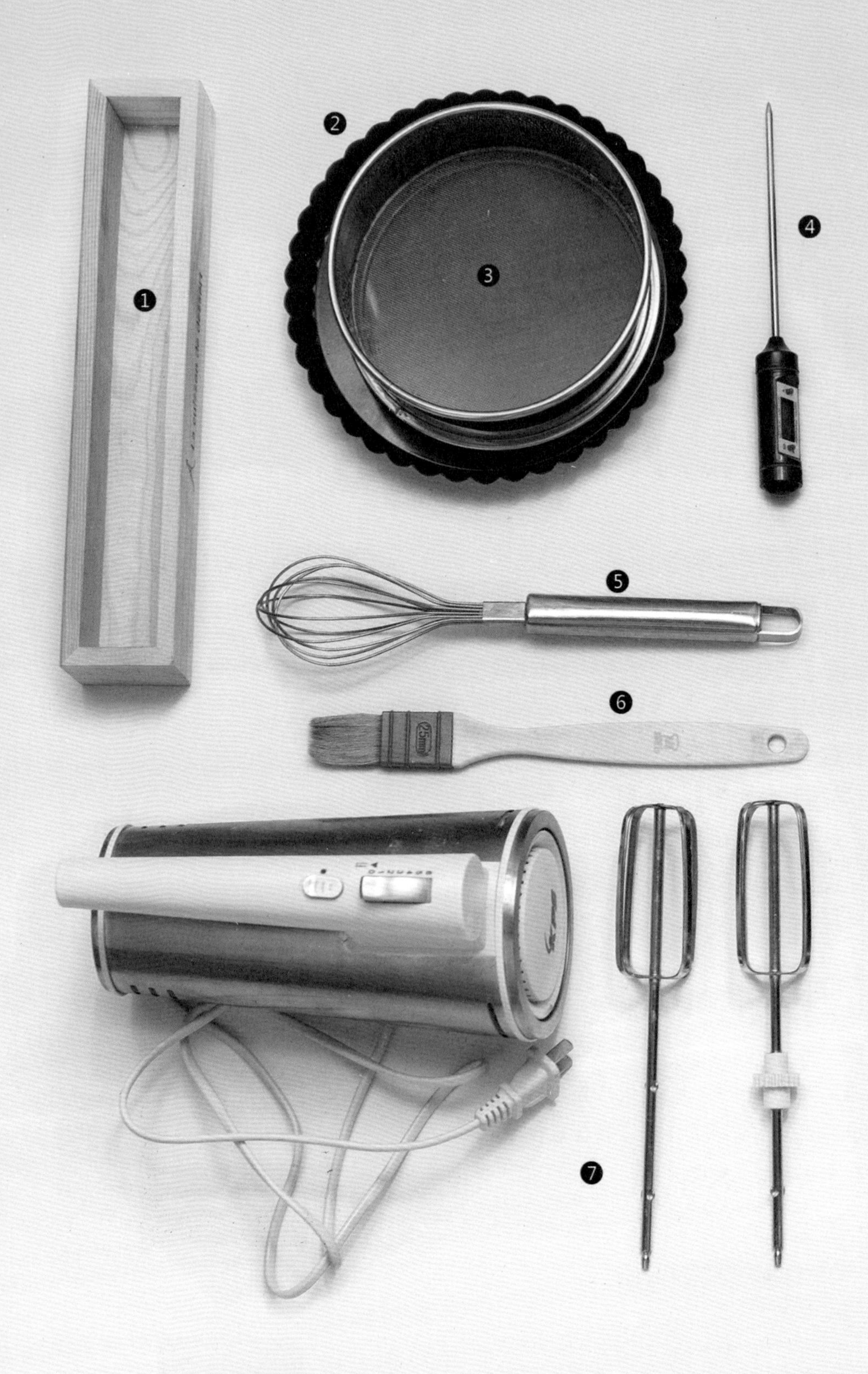
1
2
3
4
5
6
7

❶ 饼干整形器

饼干整形器是用来做方形的切片饼干的，一般有图中木质的和金属的两种。使用时，要给面团包上保鲜膜揉成长条，再放入模具内按压成规整的长方体；

❷ 不粘活底派模

6 寸或者 8 寸的派模是比较常用的，可以用来做苹果派、披萨等。黑色的派模是有不粘涂层的，所以使用前不用在内部涂油。我推荐活底派模，因为更好脱模；

❸ 面粉筛

面粉筛的样式也有很多，主要的用途是用来过筛各种粉类食材，比如面粉、可可粉、抹茶粉、苏打粉、淀粉等，可以让食材更加蓬松细腻，避免受潮的粉类里含有小颗粒。有时候也会用来过滤液体，比如布丁液、糖浆等；

❹ 针式温度计

这种温度计是用来测量食材的温度的，比如在熬煮糖浆的时候，需要精确的温度，这样才能够使做出来的糖浆浓稠度恰当。还有就是做蛋白霜的时候，也需要去测量温度。有时候融化巧克力也会要求温度；

❺ 手动打蛋器

这个也是基础工具之一，几乎所有的糕点制作中都会用到。用来打发少量的黄油、鸡蛋、奶油等；

❻ 羊毛刷

用来给饼干或者蛋糕面包的表面刷鸡蛋液，比硅胶刷子更加好用；

❼ 电动打蛋器

像比较难用手动打蛋器打发的食材都会用到电动打蛋器，比如打发全蛋、蛋白、淡奶油等，所需要的时间要比手动打蛋器少很多；

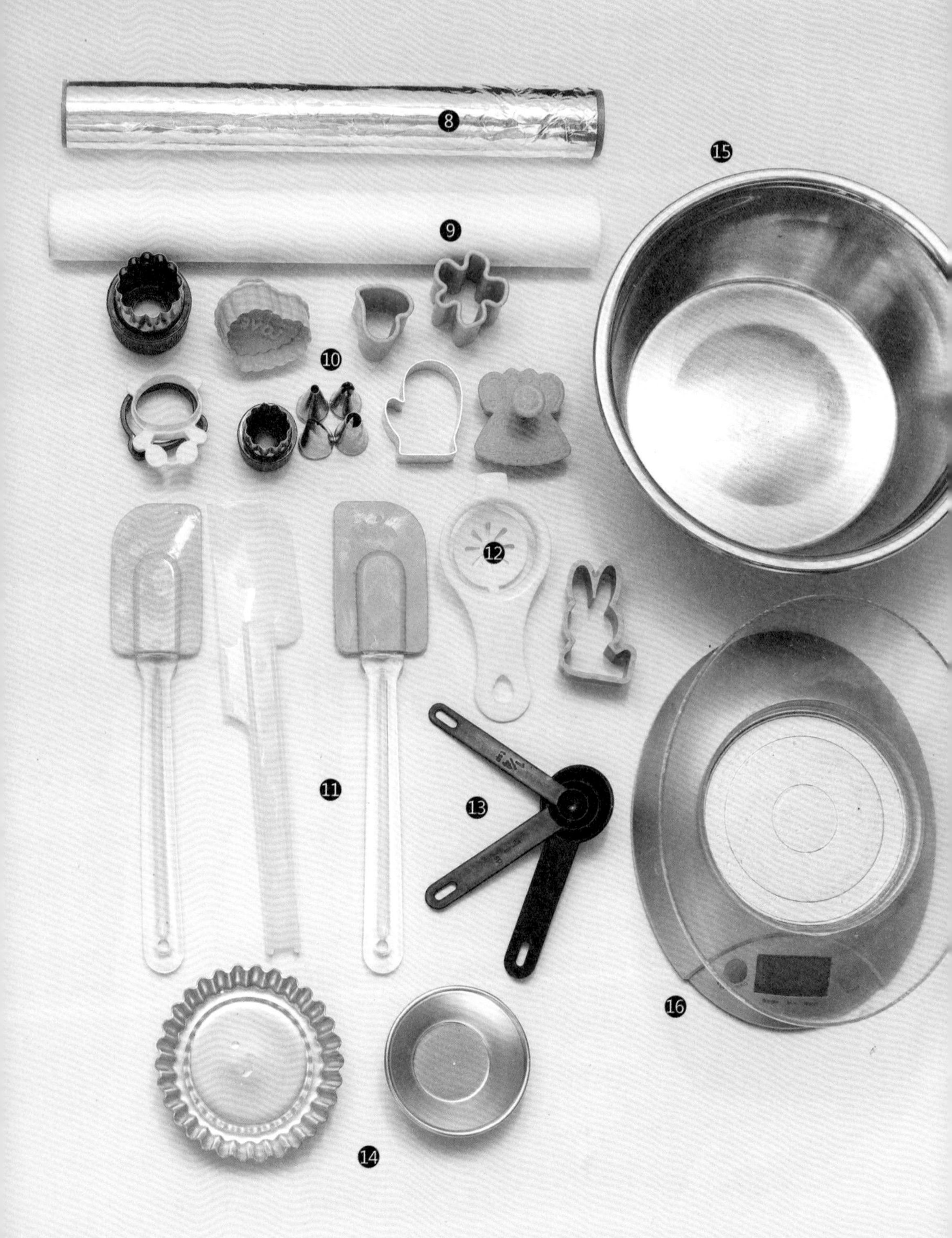
8
15
9
10
12
11
13
16
14

❽ 锡纸

锡纸一般是用来铺在烤盘上防粘的，是烘焙的必备工具，有时候也会用来盖在食物的表面隔热。如果在烘烤的过程中，表面上色太深，就可以加盖一层锡纸以降低直接受热的温度；

❾ 高温油纸

除了有和锡纸一样的作用之外，烤蛋糕卷及瓦片类饼干的时候，高温油纸会更加方便。如果你的模具是没有防粘涂层的，就可以把高温油纸裁成模具内部的大小，分别用黄油粘贴在模具内部四周和底部，再倒入面糊去烘烤，就可以防粘了；

❿ 饼干模

各种可爱的饼干模是家庭常备的烘焙工具，有立体的和平面的可选。铝合金和不锈钢材质的饼干模可以在当作凤梨酥模具使用时放入烤箱，塑料饼干模则不耐高温哦；

⓫ 硅胶刮刀

用来翻拌食材、混合食材，也是基础工具之一，有大号小号可选，耐高温；

⓬ 分蛋器

如果你对分离蛋白和蛋黄不太擅长，那就需要一个分蛋器；

⓭ 量勺

称量分量比较小的食材，比如苏打粉、泡打粉、盐等。最小是1/8小勺，最大是1大勺；

⓮ 挞模

小号的派模、挞模也是用得比较多的，可以做一些精致的小糕点，像图中的挞模就是没有防粘涂层的，所以在使用前要先在表面和底部涂抹上一层软化的黄油，便于烤好之后脱模；

⓯ 不锈钢打蛋盆

你至少需要一个大号的不锈钢盆，用来混合所有的食材。可以选择有硅胶底的不锈钢盆，因为放在案板上可以防滑；

⓰ 电子称

烘焙之所以受大家的喜欢，一个重要的原因就是只要按照配方精确称量，你就可以做得十之八九。所以你需要的第一个工具就是电子称，最小可以称量 1 克，最大可以称量 5 千克。

1
2
3
4
Oldenburger
欧德堡稀奶油
原装进口
Whipping Cream, UHT
Schlagsahne, ultrahocherhitzt
30%
净含量：200g
图片仅供参考
5
kara
UHT NATURAL
COCONUT MILK
CLASSIC
6
7
8
RUMFORD
BAKING
POWDER
NON-GMO
A GLUTEN FREE
PRODUCT
DOUBLE
ACTING
Nutrition Facts
9
CHOCOLATE
10
AmeriColor
LEMON YELLOW
VIOLET
11
12
13
14
15
16

❶ 动物性无盐黄油

牛奶提炼而成，不含反式脂肪酸，是比较健康的油脂。有些配方中会额外加盐，如果用有盐黄油，盐的含量就不好掌握了；

❷ 奶油奶酪

即我们平时说的芝士，是用来做芝士蛋糕的材料。有时候也会在做饼干或派皮的时候加入一些，口感会更加浓郁；

❸ 玉米淀粉

加入玉米淀粉的面团会更加酥松，通常和低筋面粉、高筋面粉配合使用；

❹ 低筋面粉

蛋白质含量较低的面粉，用来制作蛋糕和饼干、派等糕点，口感蓬松；

❺ 淡奶油

动物性淡奶油，含水量是牛奶的一半，用于打发制作裱花蛋糕或者夹馅；冷藏保存，不含糖，打发时和细砂糖按照100∶10的比例加入糖即可；

❻ 椰浆

无糖纯椰浆，用来增加糕点的风味，也用于制作椰汁西米露；

❼ 高筋面粉

蛋白质含量较高的面粉，用来制作面包；

❽ 黑芝麻

用于装饰糕点的表面，也可以做芝麻薄脆饼干；

❾ 泡打粉

我常用的是这种无铝泡打粉，制作磅蛋糕、麦芬蛋糕及一些饼干的时候，都会用到，用来让糕点蓬松，如果省略，黄油类的蛋糕就不够松软啦；

❿ 香草精

天然香草荚的提取物，用来增加糕点的香气和口感；

⓫ 食用色素

食用色素最常见的用法就是制作彩色的奶油、彩色的糖霜和彩色的翻糖，有时候也会加入面糊中，制作彩色的蛋糕、面包或者饼干；

⓬ 紫薯粉

天然紫薯干燥打磨成粉，是天然的色素；

⓭ 柠檬

新鲜柠檬汁也会常常用到，可以增加糕点的风味；

⓮ 鸡蛋

绝大多数的糕点配方中都会用到鸡蛋，是使糕点或松软或酥松的食材之一；

⓯ 绿豆粉

是制作绿豆糕的主要食材之一，也可以加入饼干或者蛋糕面糊中，增加风味；

⓰ 亚麻籽

可以做亚麻籽薄脆饼干或者用来装饰纸杯蛋糕及磅蛋糕的表面；

17
18
19
20
21
22
23
24
25
26
27
28
29
30
31
32
33
34
35
36

⑰ 耐高温巧克力豆

烘烤后不会融化，常用于糕点表面；

⑱ 坚果

各类烤熟的坚果都非常适合加入糕点中增加风味；

⑲ 细砂糖

基础食材之一，颗粒较细，可以用来制作各种糕点；

⑳ 糖粉

也叫糖霜，细砂糖打磨而成，市售的糖粉通常是加入一定比例的玉米淀粉防潮，甜度也略低一些。通常用在需要保持花型或者纹路的糕点中，如挤花曲奇；

㉑ 红豆沙

用来制作各种糕点的夹馅，要选择比较干的；

㉒ 白巧克力

白巧克力也要选择可可脂的，含量一般在 30% 左右；

㉓ 黑巧克力

烘焙中的黑巧克力通常会选择可可脂含量较高的巧克力，大于 50%；

㉔ 黄砂糖

蔗糖的一种，可以增加糕点的色泽；

㉕ 全脂奶粉

可以让糕点的奶香味更加浓郁；

㉖ 肉桂粉

增加糕点风味的食材，比如肉桂苹果派和姜饼中都会用到；

㉗ 南瓜粉

天然南瓜干燥研磨而来，天然色素；

㉘ 蜂蜜

主要用来增加糕点的色泽；

㉙ 大杏仁片

用于装饰糕点的表面；

㉚ 干葱碎

可以加入面包或者饼干中，增加风味；

㉛ 可可粉

用于制作巧克力口味的糕点；

㉜ 抹茶粉

用于制作抹茶口味的糕点；

㉝ 翻糖膏

用来制作翻糖蛋糕、翻糖饼干等，可以购买市售的翻糖膏根据需要加入色素揉匀使用；

㉞ 莲蓉

主要作为内馅，比如月饼馅或者面包的夹心；

㉟ 葡萄干

葡萄干、蓝莓干、蔓越莓干等蜜饯都可以加入糕点面糊中，增加酸甜的风味；

㊱ 椰蓉

无糖纯椰蓉，多用于装饰糕点的表面和做成夹馅。

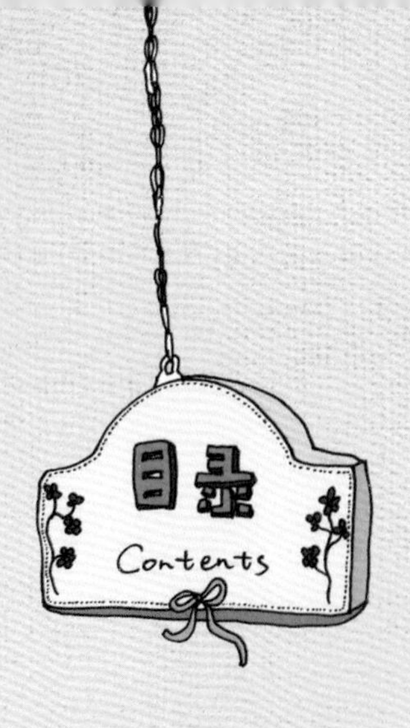

Chapter 1 我们的食材很简单！

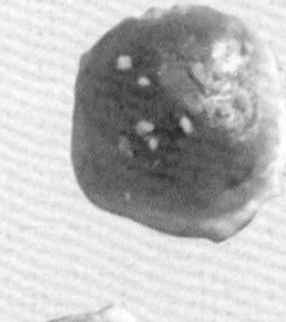

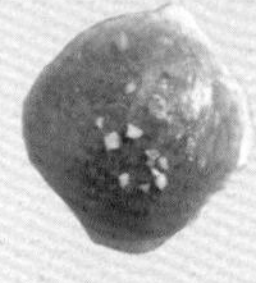

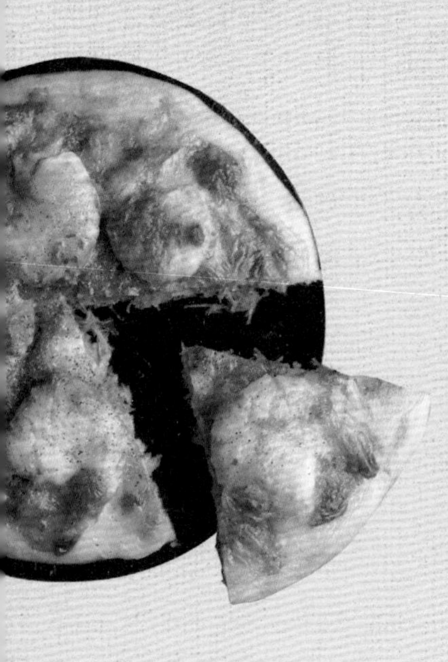

Chapter 2 果蔬百搭款，宝宝说Yes

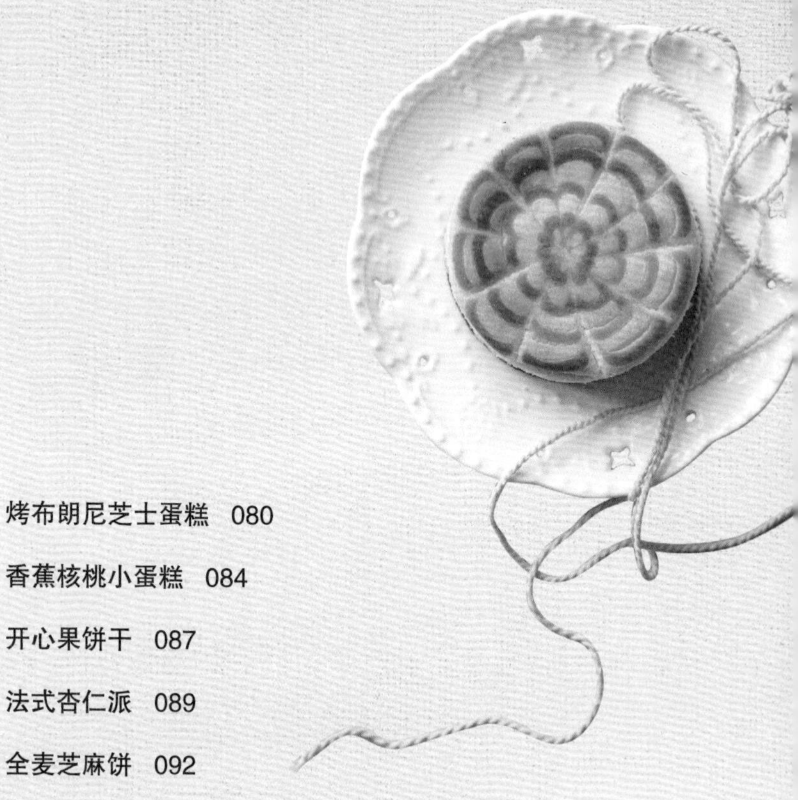

Chapter 3 吃坚果是一件很重要的事

宝宝带去幼儿园的温馨小款

Chapter 4

Chapter 5 大孩子带去学校的拉风款

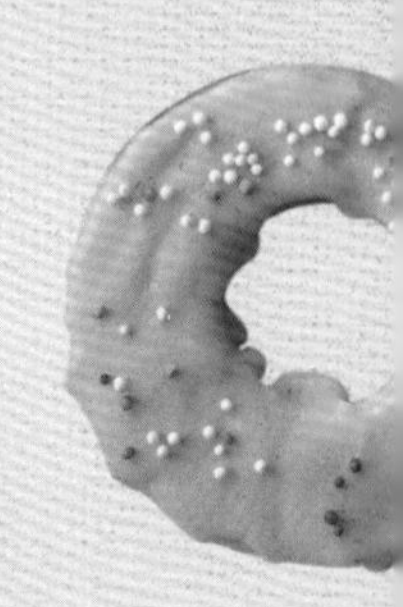

Chapter 6 没有烤箱也不必懊恼 款

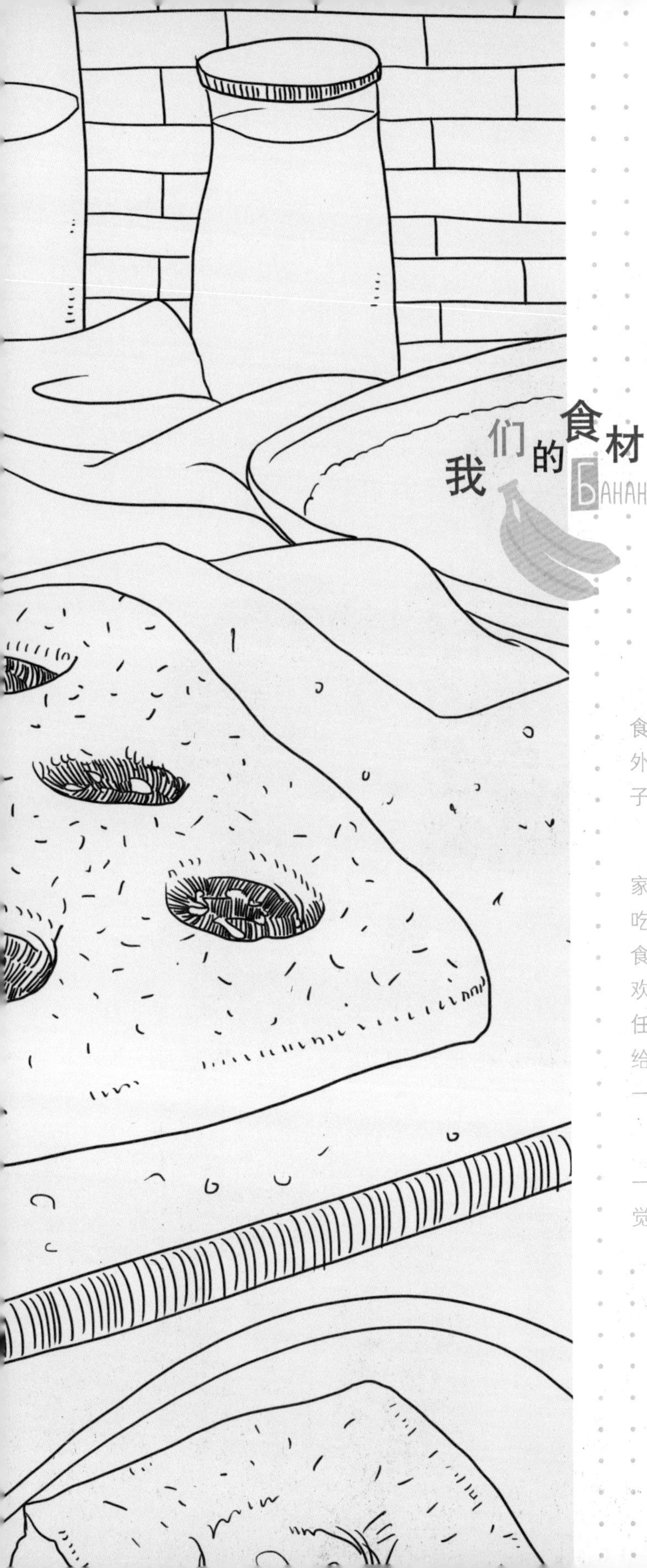

我们的食材很简单！ Chapter 1

这一章收录的糕点，大部分食材里面都用到了水果，除此之外还有一些燕麦和蜂蜜，都是孩子们经常吃的食物。

我觉得每个孩子都是美食家，他们很容易就能选出自己爱吃的东西。但有时候也会对一些食物很抗拒，我觉得让孩子们喜欢上所有食物是爸爸和妈妈的责任，如果可以多变化一些花样做给孩子吃的话，那肯定能让他们一直对食物充满喜悦和好奇！

而重点是，孩子也乐于跟你一起做他喜欢吃的糕点，并且会觉得超有成就感。

松果妈
电视台导演
松果
性别：女
生日：2014 年 11 月

松果会觉得神奇，因为食物在她手里发生了变化

和松果妈妈的对话：

我觉得从小让孩子参与到制作糕点的过程中来，是一件特别有意思的事情。松果是个细腻的小女生，她平时就特别善于观察。我会在烘焙的时候，让她一起参与。

比如说用小刷子给挞模内涂抹黄油、用手撕掉挞模上多余的面皮，或者用牙签给挞皮扎小孔等；又比如他们对模具也很好奇，你可以告诉他们这些是什么那些是什么。我从不会因为松果太小就不让她感受烘焙的乐趣，适合她参与的部分，我一定会和她一起完成。

让孩子一起动手：

- 让孩子来给饼干整形是一个很锻炼协调力的活儿，比如说整形成方形或者圆形，又或者是用饼干模刻出图案，都能让他们对物体的形状感受更深；
- 告诉孩子，他也可以把手里的面团做成三角形、圆形或者其他别的什么形状，因为他可以充分地发挥创造力和想象力；
- 就算是递给你每一样工具，都是需要孩子帮忙的工作，它会让孩子的注意力变得更集中。

香蕉软饼干

需要用到的工具

打蛋盆
电子秤
手动打蛋器
刮刀
面粉筛
案板
保鲜膜
小刀
保鲜袋
擀面杖
饼干整形器
锡纸

参考分量

约 40 片

材料

黄油 50 克
细砂糖 15 克
炼乳 50 克
低筋面粉 130 克
香蕉半根

1 把半根香蕉装入保鲜袋中，放在案板上擀成泥；

2 黄油软化后放入盆中拌匀；

3 加入细砂糖，用手动打蛋器顺着一个方向搅打均匀；

4 加入炼乳，继续搅拌均匀；

5 加入香蕉泥，再次拌匀；

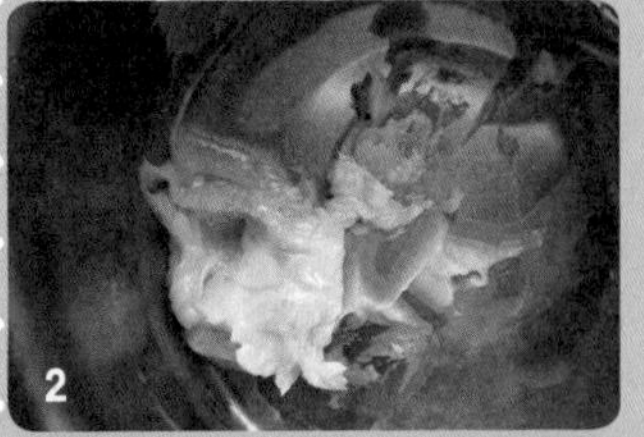

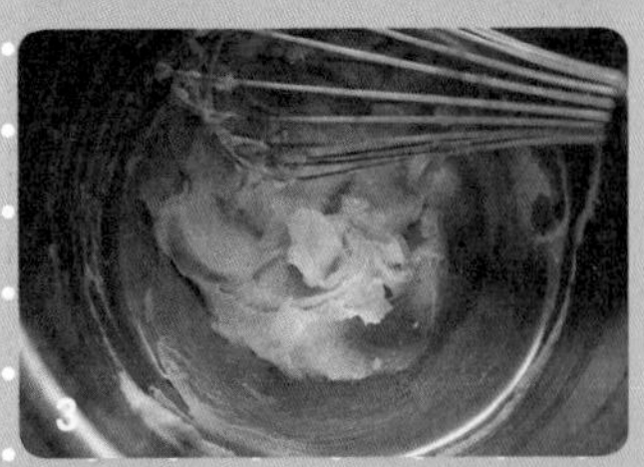

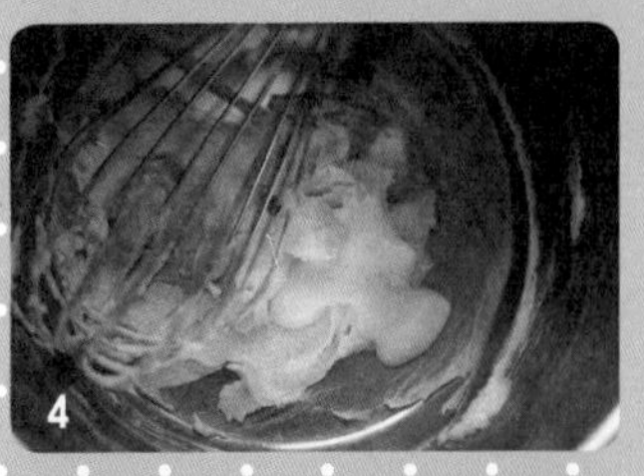

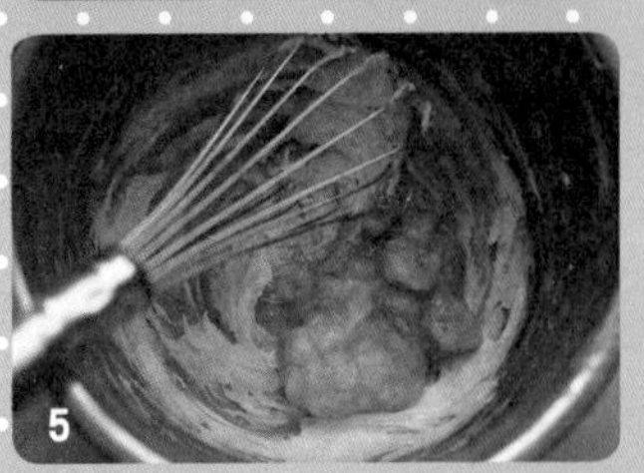

1. 香蕉要选择熟透的，比较甜，水分也比较多；
2. 炼乳一般选择原味的。

6 筛入低筋面粉，用刮刀翻拌成均匀的面糊；

7 把面糊放在保鲜膜上包裹起来，用手或者饼干整形器整形成方形，放入冰箱冷冻 1 小时以上至硬；

8 取出后用刀切成薄片，摆在铺了锡纸的烤盘上；

9 烤箱预热 160 摄氏度，上下火全开，放在烤箱中层，烤 15 ～ 18 分钟。

孩子适合参与的部分

- 擀香蕉泥及一步步地加入各种食材，拌匀之后观察它们的变化，会让小朋友觉得很好奇。
- 切片的部分可以让孩子用刮板来完成。

效果

1 让孩子来给饼干整形是一个很锻炼协调力的活儿，这是形象的正方体或者长方体哦；

2 告诉孩子，他也可以把这个饼干整形成三角形或者圆形。

橙子挞

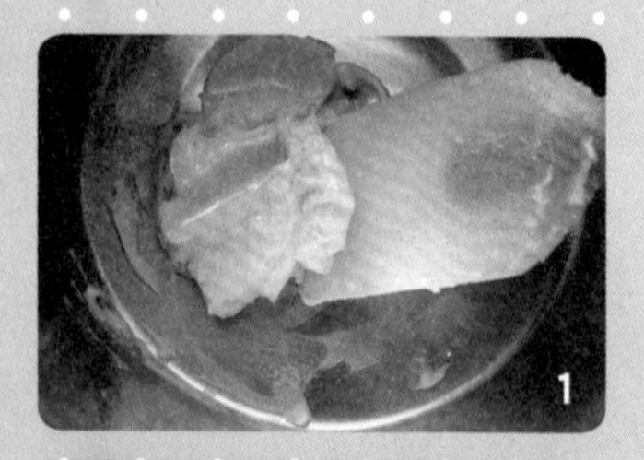

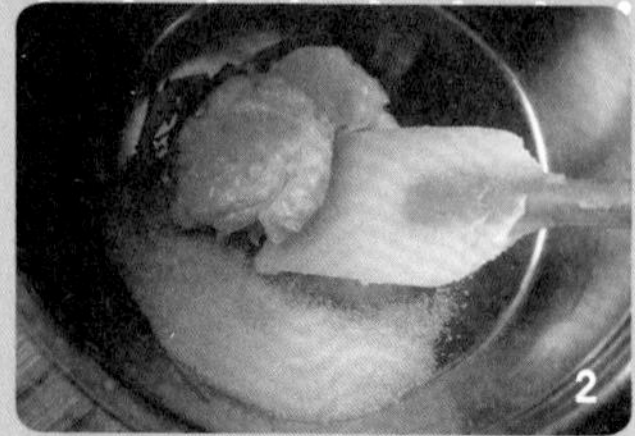

需要用到的工具

打蛋盆
电子秤
手动打蛋器
刮刀
面粉筛
案板
擀面杖
保鲜膜
挞模
叉子

参考分量

图中 4 寸挞模两个

材料

黄豆适量

挞皮：

黄油 30 克
细砂糖 10 克
低筋面粉 50 克

挞液：

鸡蛋 60 克
细砂糖 45 克
橙汁 20 克
椰浆 40 克
玉米淀粉 10 克

1 先来制作挞皮：黄油软化后放入盆中先用刮刀拌匀；

2 加入细砂糖，先用刮刀拌匀，再用手动打蛋器搅拌均匀；

3 筛入低筋面粉，用刮刀翻拌成均匀的面团；

4 把面团放在铺了保鲜膜的案板上擀成薄片；

5 准备两个挞模，在底部及四周涂抹一层软化的黄油；

6 将擀好的面皮倒扣在挞模上，向挞模内压实，去掉四周多余的面皮；

7 用叉子在挞皮底部扎一些均匀的小孔；

8 然后开始制作挞液：鸡蛋在盆中打散；

9 加入细砂糖，用手动打蛋器搅拌均匀；

10 分别加入橙汁和椰浆，搅拌均匀；

11 筛入玉米淀粉，搅拌均匀，即成挞液；

12 把一些黄豆放入挞皮内压实，然后送入预热好 170 摄氏度的烤箱烘烤 8 分钟，至表面上色，然后取出黄豆；

13 把挞液倒入挞模内，继续用 170 摄氏度的烤箱烘烤 15 分钟左右，至挞液凝固，表面上色。

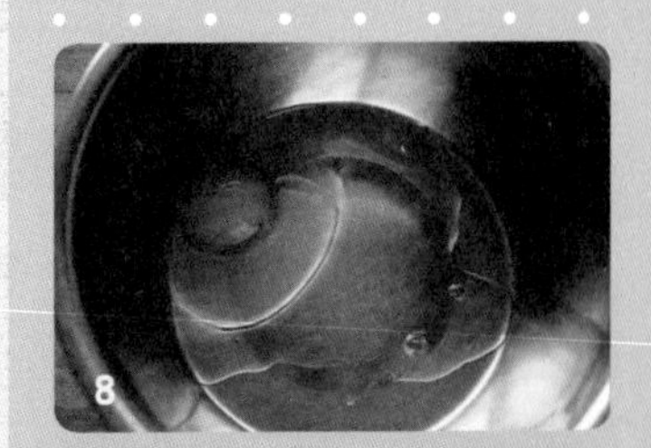

TIPS

1. 橙汁也可以换成柠檬汁；
2. 椰浆可以换成淡奶油；
3. 放黄豆是为了避免挞皮底部膨胀隆起，干净的小石子也可以。

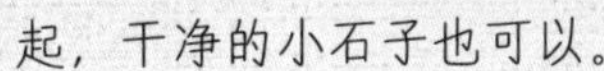

孩子适合参与的部分

孩子通常都希望完成一些细致的工作，比如给挞模内涂抹黄油、去除挞模上多余的面皮以及给挞皮扎小孔等；而放入黄豆的部分，也是平时不常见的，你可以告诉他这是为什么。

效果

把擀好的挞皮放入模具中，对于新手来说并不是那么容易，你可能会发现，你的挞皮还需要修补边缘或底部，因为在翻转挞皮的时候可能会断裂。但是没关系，孩子们最擅长修补这件事情。

草莓派

需要用到的工具

打蛋盆
电子秤
面粉筛
量勺
案板
擀面杖
保鲜膜
刷子
刮板
叉子

参考分量

图中 11.6 厘米 ×6.3 厘米 ×2 厘米的派模三个

材料

饼皮部分：

黄油 50 克
低筋面粉 100 克
糖粉 10 克
冰水 1.5 大勺
柠檬汁 1/2 小勺
表面用蛋黄液适量
表面用细砂糖适量

夹心部分：

草莓果酱适量

1
黄油要使用冷冻的，切成小丁，放入盆中；

2
将低筋面粉和糖粉一起筛入盆中，用手轻轻抓揉成面包糠状（也可以用叉子搅拌，因为手掌有温度，黄油很容易融化，如果黄油融化得太厉害，派皮就不够酥松了）；

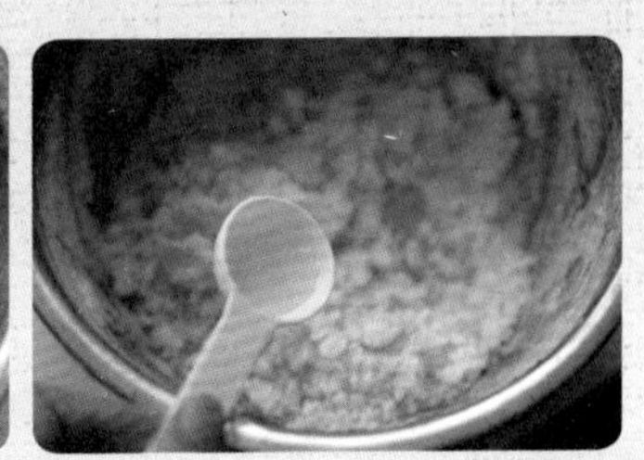

3
加入冰水和柠檬汁，继续轻轻抓成团，不要过度揉搓；

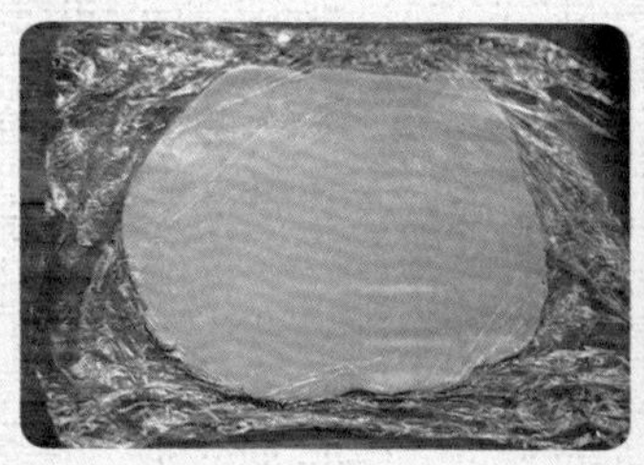

4

放入冰箱冷藏1小时以上，取出后放在铺了保鲜膜的案板上，擀成薄片；

5

用刮板或者小刀切去多余的边角，整形成方形，然后先平分成三个长条，再切成六片；

6

在其中三片的四周边缘用沾了面粉的手指按压略变薄，在中间放上一些草莓果酱；

7

盖上另一片，将四周压实；

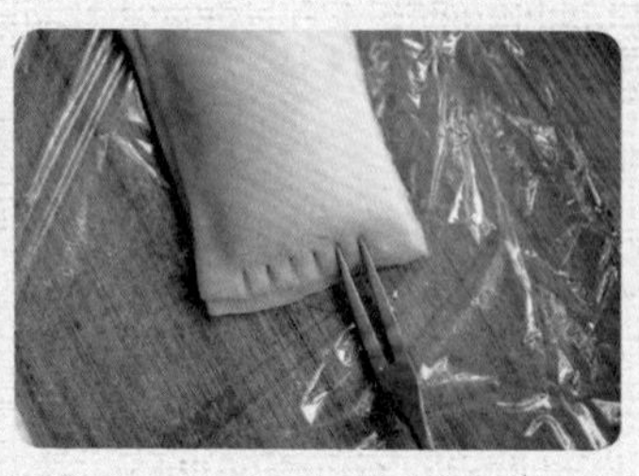

8

用叉子按压四周边缘，然后切去四周不整齐的部分，摆入烤盘；

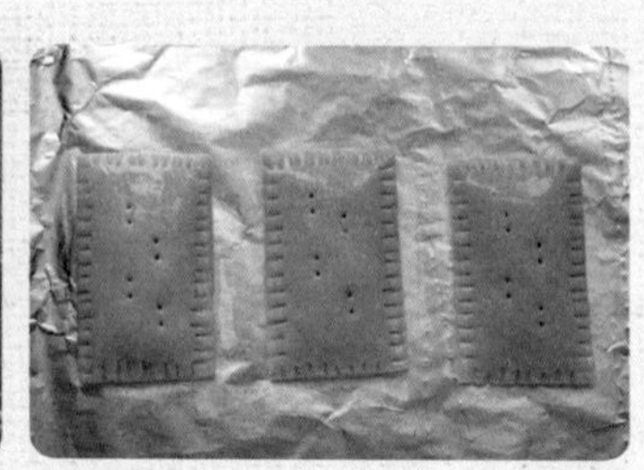

9

在表面刷一层蛋黄液，再用叉子在表面扎几个小孔，最后上面撒上一些细砂糖，放入预热好180摄氏度的烤箱，上下火，放在中层，大约烤20分钟，表面金黄即可。

孩子适合参与的部分

- 可以在妈妈的帮助下，让孩子参与擀面片的部分，然后独立用刮板切出六块一样大小的面片来。
- 放果酱以及按压的部分，也可以由孩子独立完成，然后在妈妈的指导下，切去多余的边角部分，最后在派的表面刷上蛋液和扎出小孔。

效果

1. 切割等量大小的面片可以锻炼孩子的专注力以及协调力；
2. 放果酱以及用叉子压出纹路可以让孩子对于细节更加用心。

1. 草莓果酱可以换成任何口味的果酱，也可以同时放入一点鲜水果碎，比如蓝莓果酱和蓝莓粒；
2. 也可以把冷冻的黄油丁、面粉、糖粉一起放入料理机搅拌均匀。

蓝莓叉子饼干

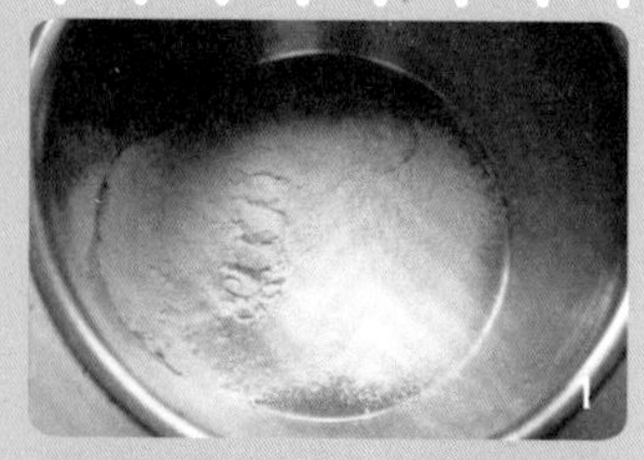

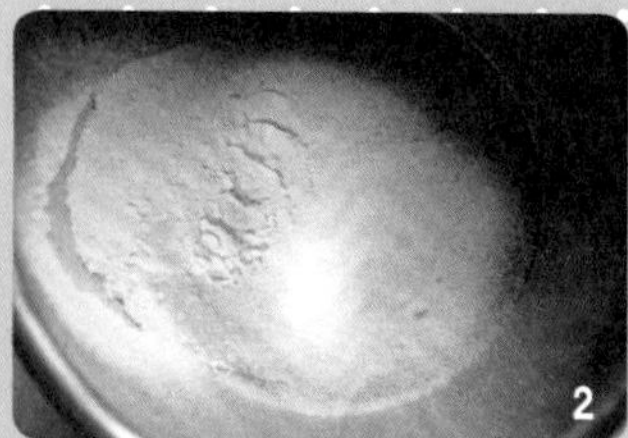

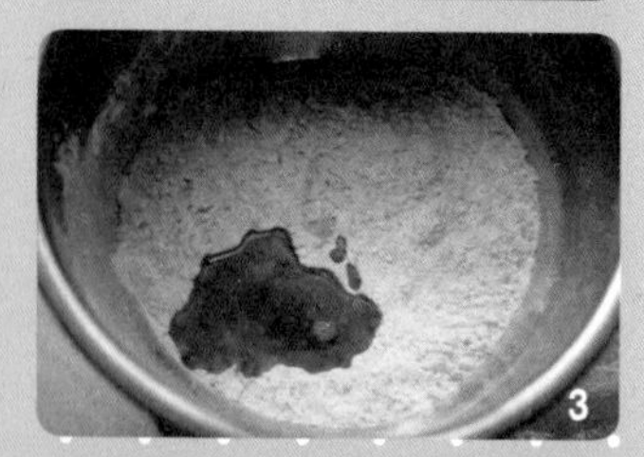

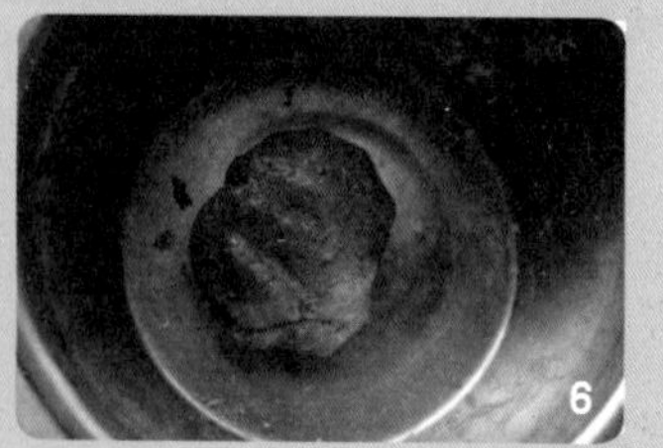

需要用到的工具

打蛋盆
电子秤
手动打蛋器
面粉筛
量勺
案板
擀面杖
保鲜膜
刷子
牙签
叉子饼干模
锡纸

材料

低筋面粉 140 克
蓝莓果酱 30 克
亚麻籽油 30 克
细砂糖 25 克
盐 1/8 小勺
鸡蛋 50 克
刷表面蛋液适量

参考分量

约 30 片

1 将低筋面粉和盐筛入盆中；

2 加入细砂糖，用手动打蛋器搅拌均匀；

3 加入亚麻籽油，用手略微拌匀，成松散的面包糠状；

4 加入鸡蛋，用手抓均匀，到鸡蛋完全被吸收；

5 放入蓝莓果酱；

6 再用手轻轻抓揉成均匀的面团即可；

7 把面团放在铺了保鲜膜的案板上，擀成薄片；用叉子形饼干模切割；

8 然后摆入铺了锡纸的烤盘；

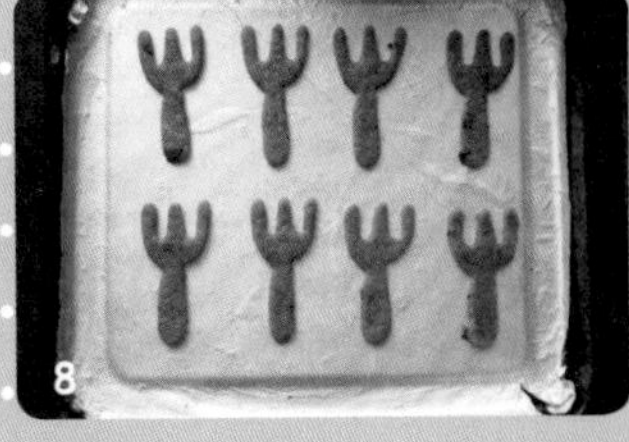

9 用牙签或者叉子在饼干表面扎一些小孔；

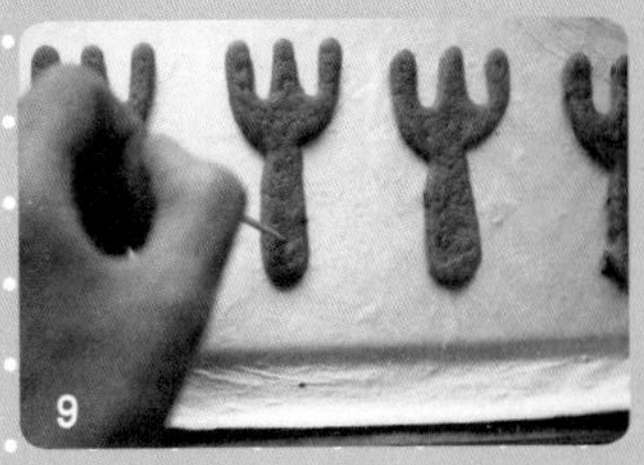

10 然后用小刷子在表面刷一层蛋液，烤箱预热160摄氏度，上下火全开，放在烤箱中层，大约烤15分钟。

孩子适合参与的部分

- 可以在妈妈的帮助下，让孩子参与擀面片的部分，然后独立用饼干模具刻出饼干。
- 让孩子完成在饼干上扎小孔及刷蛋液的步骤。

效果

1 做造型饼干可以让孩子对图形的敏感度更高；

2 扎孔和刷蛋液是个需要耐心的工作，可以让孩子更加专注。

1. 亚麻籽油也可以换成橄榄油、葡萄籽油等，大豆油、玉米油也可以；
2. 表面刷的是全蛋液，只刷蛋白或者蛋黄液也是可以的。

香蕉小方糕

需要用到的工具

电子秤
打蛋盆
手动打蛋器
面粉筛
量勺
刮刀
油纸
方形烤盘

材料

鸡蛋 2 个
低筋面粉 100 克
香蕉 1 根
大豆油 50 克
细砂糖 50 克
泡打粉 1/2 小勺
椰丝适量

参考分量

20 厘米的方形烤盘

1
鸡蛋、细砂糖和大豆油一起放入盆中；

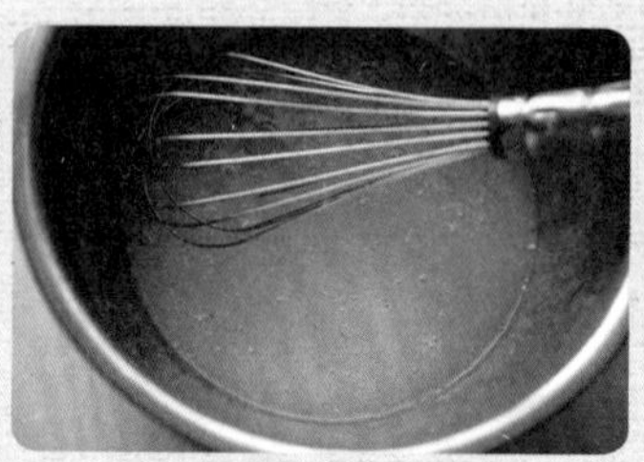

2
用手动打蛋器搅打均匀；

3
将低筋面粉和泡打粉混合筛入上面拌好的糊中；

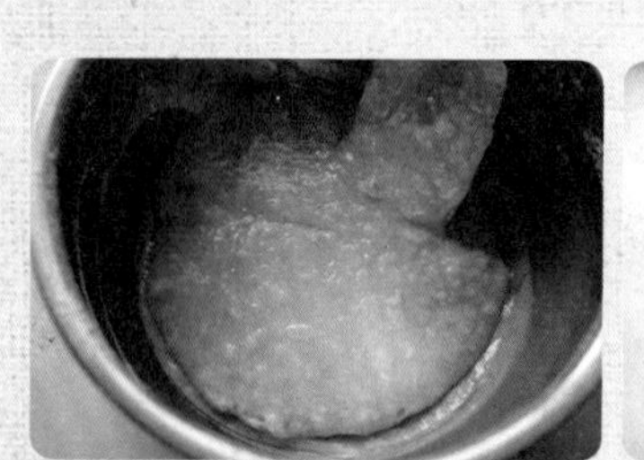

4
用刮刀翻拌成均匀的面糊；

5
把面糊倒入铺了油纸的方形烤盘中；

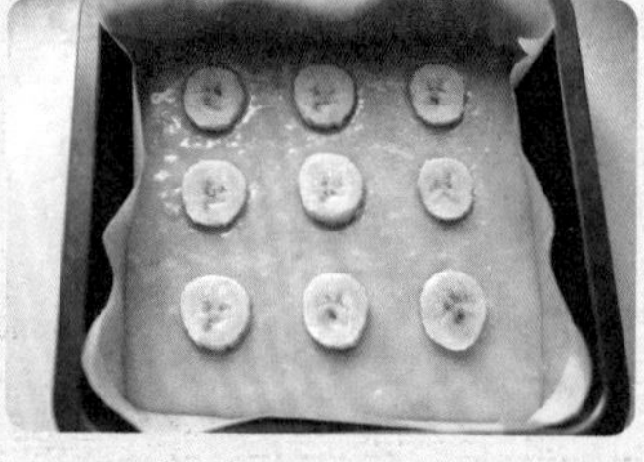

6
在表面均匀地摆上一些香蕉片；

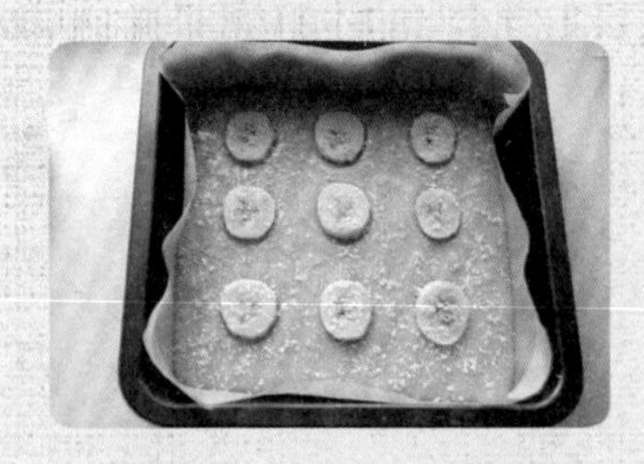

7
最后再撒上一些椰丝，烤箱预热170摄氏度，上下火全开，放在烤箱中层，大约烤25分钟，表面金黄即可。

孩子适合参与的部分

- 用刮板来切一些香蕉片，并均匀地摆放在蛋糕糊的表面。
- 把油纸铺在蛋糕烤盘内，想一想看，怎么才能铺平整呢?

效果

1 水果在烘烤之后，和之前吃起来的会有什么不同吗?

2 油纸的四个边角，如果用剪刀剪开，并在上面粘一点点蛋糕糊，就能服帖地铺在烤盘上了。

1. 也可以在面糊中加入一些椰蓉，增加椰子的香气和口感;
2. 大豆油可以换成其他没有特殊气味的植物油。

樱桃蓝莓磅蛋糕

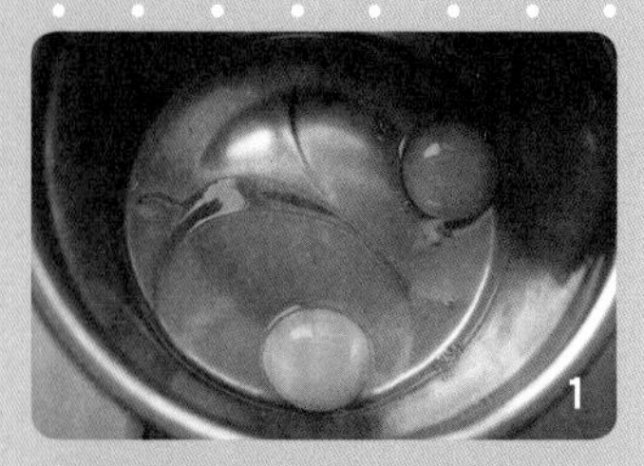

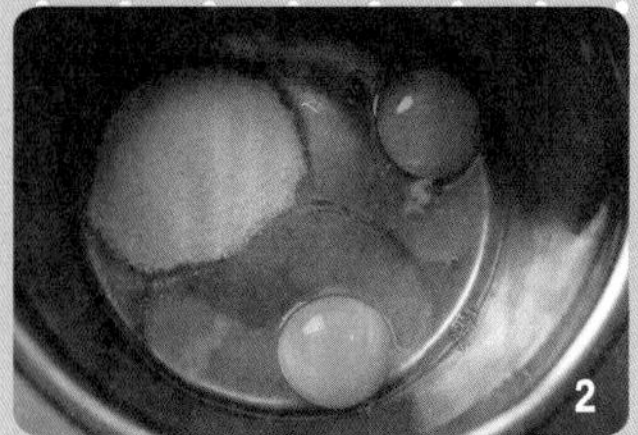

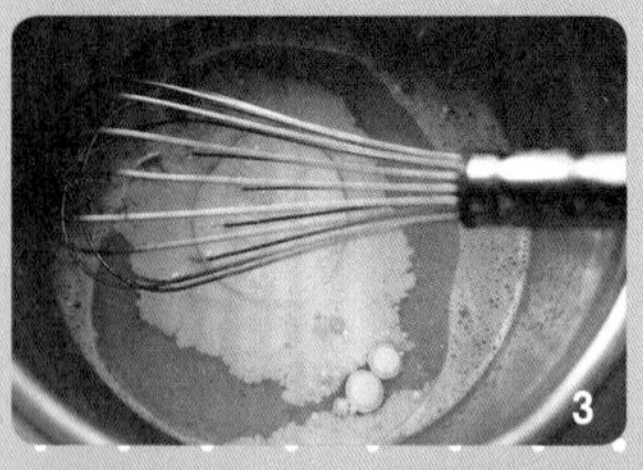

需要用到的工具

电子秤
打蛋盆
手动打蛋器
刮刀
面粉筛
量勺
磅蛋糕模

材料

鸡蛋 2 个
细砂糖 45 克
大豆油 50 克
牛奶 30 克
低筋面粉 100 克
泡打粉 1 小勺
樱桃干 15 克
蓝莓干 15 克
黄油适量

参考分量

图中 15 厘米 ×7.5 厘米 ×6.5 厘米模具一个

1 鸡蛋放入盆中；

2 加入细砂糖，一起搅拌均匀；

3 加入大豆油和牛奶，继续用手动打蛋器搅打均匀；

4 将低筋面粉和泡打粉混合筛入上面的糊中；

5 用打蛋器或者刮刀翻拌均匀；

6 加入樱桃干和蓝莓干，翻拌均匀，蛋糕糊就做好了；

7 在模具中涂抹一层软化的黄油，然后再倒入一些面粉，轻磕模具并四周晃动，使每个表面都沾上一层薄薄的面粉，将多余的面粉磕出来；

8 把蛋糕糊倒入模具中，再在表面撒一些樱桃干；烤箱预热170摄氏度，上下火全开，放在烤箱中层，大约烤40分钟，表面金黄即可。

孩子适合参与的部分

- 加入蓝莓干和樱桃干，看看它们是如何被做进蛋糕里的？你也可以让孩子加入他喜欢的其他食材，比如葡萄干或者腰果等。
- 把面糊倒入模具中，怎样做才不会沾得到处都是呢？你可以先把面糊装入裱花袋，再挤入模具中。

效果

1 十几分钟以后，隔着烤箱门观察一下，蛋糕的小肚子是不是都鼓起来了？

2 除了用清水浸泡蓝莓干和葡萄干等，你也可以告诉孩子，用牛奶、豆浆、果汁等浸泡它们也是可以的，味道也会更好呢。

1. 大豆油也可以换成玉米油、葵花籽油、亚麻籽油等没有特殊气味的植物油；
2. 樱桃干和蓝莓干在使用前要用清水浸泡一段时间，让它们吸收一些水分，然后再沥干使用口感最好。尤其是撒在表面的果干，泡水之后再使用，可以避免表面被烤焦。

榴莲披萨

需要用到的工具

电子秤
面包机
案板
擀面杖
保鲜袋
牙签
披萨盘

参考分量

6寸披萨两个

材料

饼底部分：
高筋面粉100克
橄榄油10克
细砂糖8克
盐3克
水或者牛奶50克
蛋黄半个
酵母2.5克

馅料部分：
榴莲肉适量
马苏里拉芝士适量

1 先把榴莲肉放在保鲜袋里用擀面杖擀成泥备用；

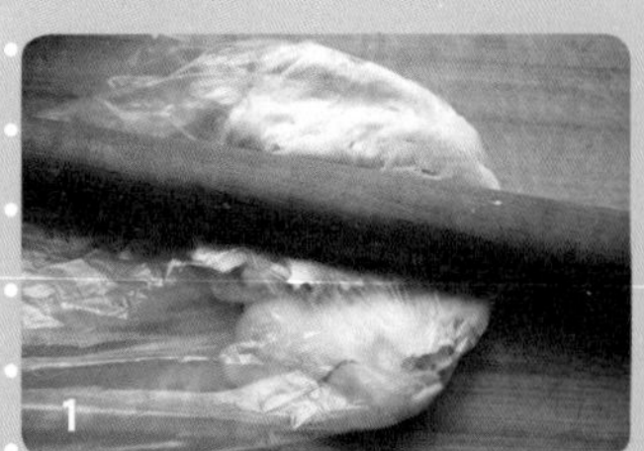

2 把高筋面粉、橄榄油、细砂糖、盐、水、蛋黄和酵母都放入面包桶内，选择揉面程序（我用了20分钟）；

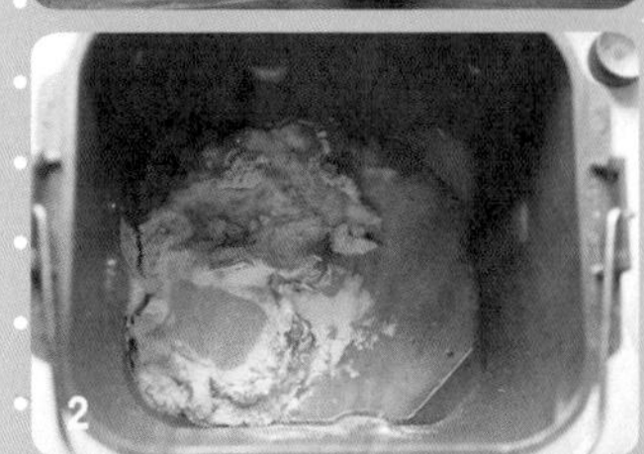

3 然后选择发酵程序，到两倍大（中间不用把面团取出来，直接发酵，我用了30分钟）；

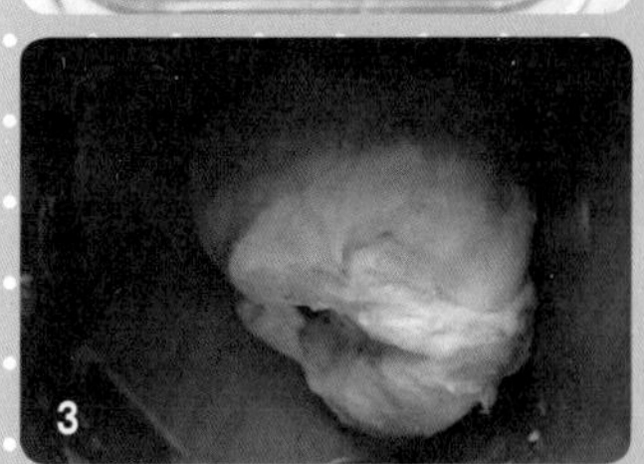

4 取出后按扁排气，然后分成两块面团；

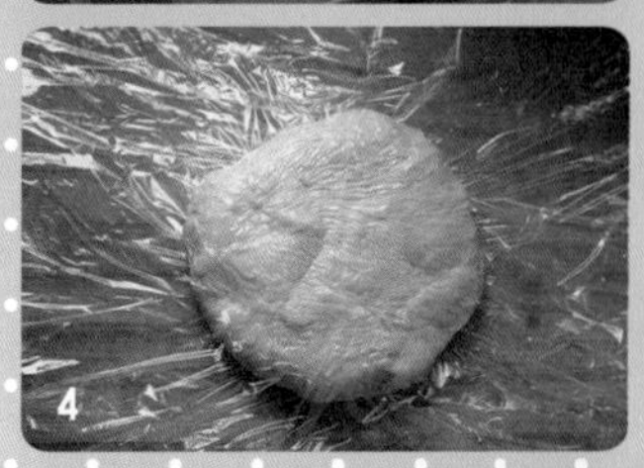

5 把一块面团揉圆按扁放在披萨盘上，然后用手往四周推，把面团在盘内均匀地铺满铺平；

6 用牙签在表面扎出很多小孔，避免里面空气太多烤的时候膨胀，也是为了让饼底更透气不会太湿；

7

8

9

7 烤箱预热200摄氏度，上下火全开，放在烤箱中层，把饼底放入烤箱中烤三五分钟定型，这样先烤一次，等下上面铺了东西就不会烤不透，造成饼底太湿。然后取出，在上面先铺一层薄薄的马苏里拉芝士（趁热铺，没有关系）；

8 然后把榴莲肉铺在上面，铺均匀；

9 最后在表面再铺一层马苏里拉芝士即可，这一层你可以多铺一些，但是最好给四周留点边，否则烤出来就只能看见芝士，看不见饼皮的边了哈；继续送入预热好200摄氏度的烤箱，大约烤20分钟，表面金黄出现焦黄点即可。

孩子适合参与的部分

- 可以在妈妈的帮助下，让孩子参与擀面片的部分。
- 让孩子完成在披萨表面铺榴莲及撒马苏里拉芝士的部分，告诉他可以根据自己的口味增加或者减少。

效果

1 观察面团在面包机内发酵的过程，了解披萨是如何做出来的；

2 以后想吃披萨，孩子就会第一个说要自己动手做啦。

燕麦葡萄饼

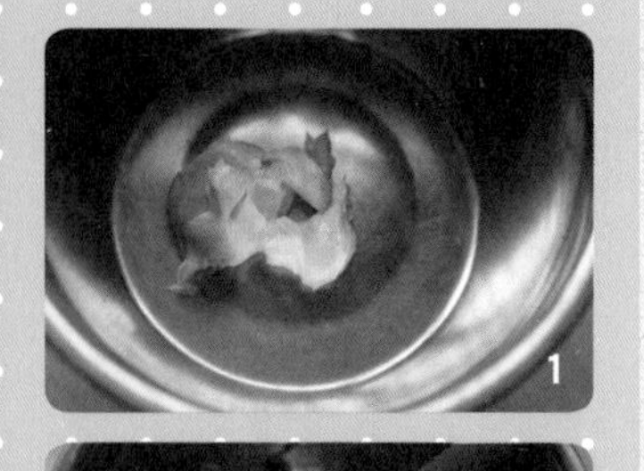

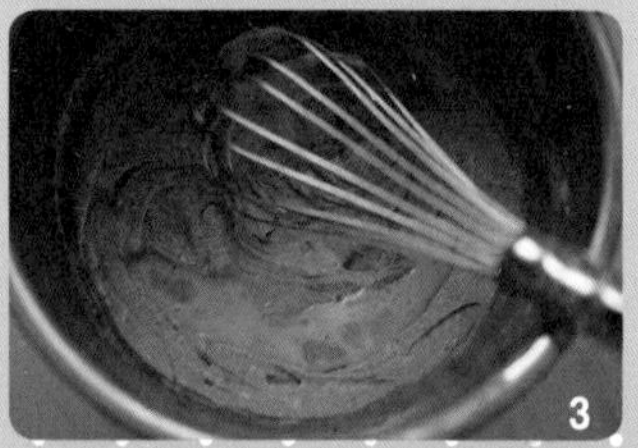

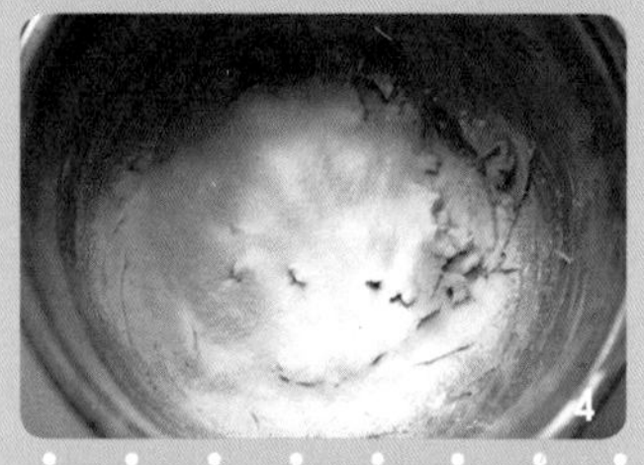

需要用到的工具

电子秤
打蛋盆
手动打蛋器
刮刀
面粉筛
量勺

参考分量

约 12 片

材料

黄油 45 克
低筋面粉 55 克
燕麦片 60 克
红砂糖 30 克
鸡蛋 15 克
小苏打 1/4 小勺
核桃仁适量
葡萄干适量

1 黄油软化后放入盆中拌匀；

2 加入红砂糖，用手动打蛋器搅拌均匀；

3 加入鸡蛋，再次顺着一个方向搅拌均匀；

4 筛入低筋面粉和小苏打；

5 再加入燕麦片，用刮刀翻拌均匀；

6 加入核桃仁和葡萄干，再次翻拌均匀；

7 把拌好的面团分成若干大小相同的小球，摆入烤盘；

8 然后再用手掌压扁，成为片状；烤箱预热165摄氏度，上下火全开，放在烤箱中层，烤15～20分钟。

孩子适合参与的部分

- 揉成小圆球，看看谁揉得比较圆？
- 压扁也是一个需要孩子的小手来帮忙的工作哦。

效果

1 除了当作早餐泡牛奶之外，他又多知道了一个燕麦片的吃法哦；

2 饼干出炉冷却之后我们一起来检查饼干是否烤熟了，看看饼底是否酥脆吧。

1. 核桃仁要用熟的，葡萄干使用之前也要先用清水泡软，再沥干表面多余的水分；
2. 凡是写着适量的食材，就是指可以根据自己的口味多放一些或者少放一些。

蜂蜜小餐包

需要用到的工具

面包机
发酵箱
电子秤
量勺
案板
黄金烤盘
羊毛刷

参考分量

16 个

材料

高筋面粉 250 克
蜂蜜 50 克
细砂糖 5 克
盐 1/2 小勺
酵母 3 克
牛奶 125 克
鸡蛋 35 克
黄油 25 克
刷表面蛋液适量
花生碎适量

1 把高筋面粉、蜂蜜、细砂糖、盐、酵母、牛奶、鸡蛋等全部放入面包机中；

2 选择揉面功能，大约 30 分钟结束，然后放入软化的黄油；

3 再次选择一个揉面程序；

4 揉面结束后直接选择发酵程序，时间设定约 1 小时 30 分钟，直到发酵到面包桶的八分满即可；

5 发酵完成后取出面团在案板上按扁排气，让所有的空气排出，然后平均分成 16 个小团；

6 把小团揉圆，放在黄金烤盘上，每个之间留出一定的距离，然后放入发酵箱发酵至 2 倍大；

7 发酵好了之后在表面刷上一层蛋液，然后撒上一些花生碎；烤箱预热 170 摄氏度，上下火全开，放在烤箱中层，大约烤 20 分钟，表面金黄即可。

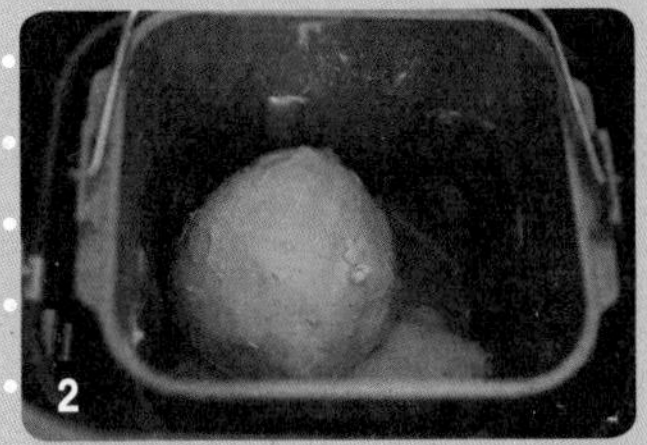

1. 发酵箱可以设定发酵的温度和湿度，发酵会更容易完成；
2. 如果没有发酵箱则需要放入有低温发酵功能的烤箱里，再放入一盆热水。

山楂果丹皮

需要用到的工具

破壁机或者料理机
不粘平底锅
方形烤盘
锡纸
刮刀
刮板
保鲜膜
电子秤

参考分量

28 厘米 ×28 厘米烤盘 2 盘

材料

山楂 600 克
细砂糖 200 克
清水适量

1 山楂洗干净，对半切开，去核；

2 放入破壁机中，加入一些清水，选择果蔬模式，直到搅打成非常细腻的糊状；（机器自己中间会有停顿休息，可以调整时间和速度）

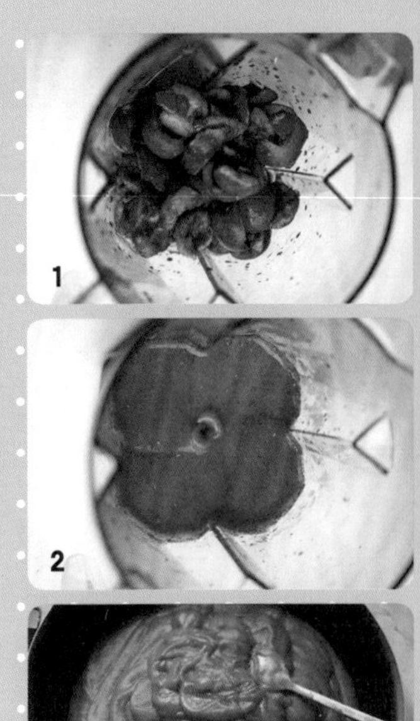

3 打出的山楂泥非常细腻，不需要过筛，可以直接倒入平底锅中；

4 加入细砂糖，然后把平底锅放在火上，小火翻炒，直到山楂泥变得浓稠，提起刮刀，上面可以刮一层山楂泥；

5 把炒好的山楂泥倒入一个底部及四周已经铺好锡纸的方形烤盘中；

6 用刮板把表面刮平整；（可以做两盘，如果做一盘的话，会比较厚，需要烤的时间会比较久，更接近山楂糕的状态，如果做山楂糕就可以厚一点，也不需要烤得特别透）

7 烤箱预热 100 摄氏度，上下火全开，放在烤箱中层，大约烤 3 小时，以表面颜色变深、质感变硬为准；

8 烤好的山楂片放在案板上切成等大的竖长条；

9 然后卷起来；

10 用保鲜膜包裹，密封保存即可。

1. 炒山楂泥的时间跟你打山楂泥的时候加入的水的多少有关系，水越少炒的时间越短，要不停翻炒，而且要用不粘锅；
2. 用破壁机的其他模式也可以，中途可以暂停观察一下山楂泥的状态，觉得足够细腻了即可。因为本身搅打得非常细腻，因此不需要过滤山楂皮。

抹茶蔓越莓蛋糕

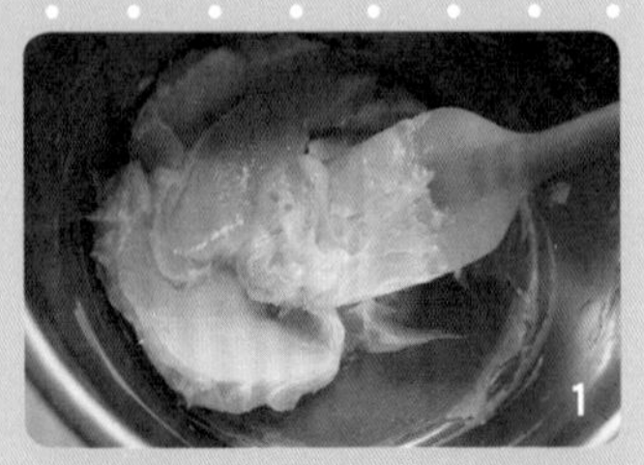

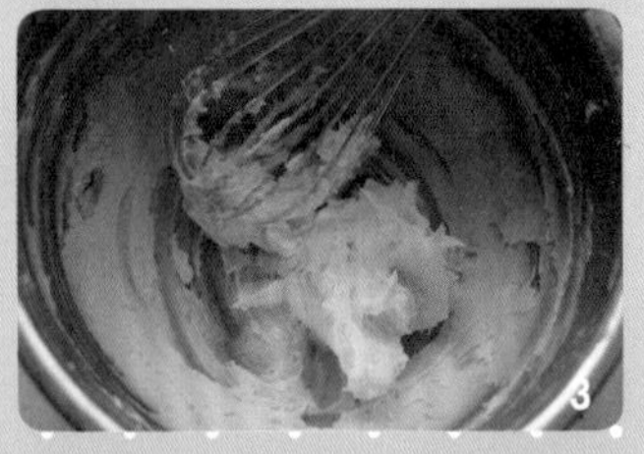

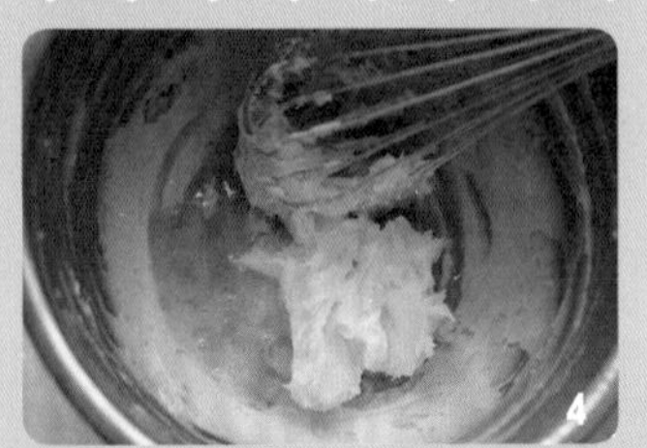

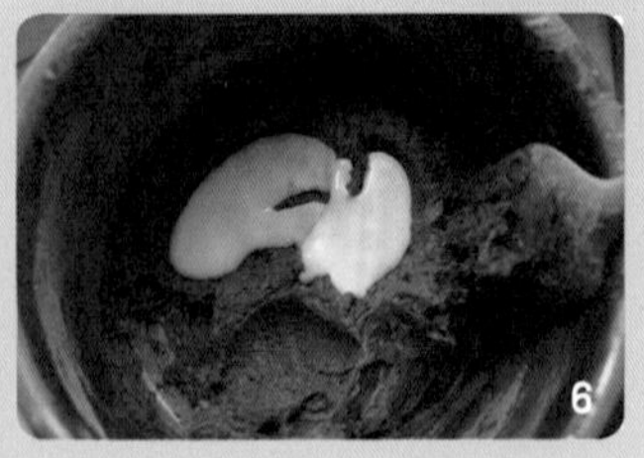

需要用到的工具

电子秤
打蛋盆
手动打蛋器
刮刀
面粉筛
量勺
裱花袋

材料

黄油 100 克
糖粉 80 克
鸡蛋 100 克
低筋面粉 90 克
泡打粉 1 小勺
抹茶粉 1 大勺
椰浆 1 大勺
蔓越莓干 20 克

参考分量

图中 15 厘米 ×7.5 厘米 ×6.5 厘米模具一个

1 黄油软化后放入盆中拌匀；

2 加入糖粉，先用刮刀拌匀；

3 再用手动打蛋器顺着一个方向搅拌均匀；

4 分6次加入鸡蛋，每次都要搅拌到完全被吸收后再加入下一次；

5 将低筋面粉和泡打粉、抹茶粉混合筛入，并用刮刀翻拌均匀；

6 加入椰浆，再次翻拌均匀；

7 加入蔓越莓干，拌匀，蛋糕糊就做好了；

8 用小勺或者裱花袋把蛋糕糊装入模具中；（如果没有不黏涂层，可以在模具内铺一层油纸或者涂抹软化黄油的方式来防粘）烤箱预热 165 摄氏度，上下火全开，放在烤箱中层，大约烤 40 分钟。

孩子适合参与的部分

- 做黄油蛋糕，分次加入鸡蛋打发可是个比较累的活儿，和孩子一起分工打发鸡蛋吧。
- 铺油纸也一起协作完成吧，妈妈先把油纸裁剪成合适的大小，先铺在底部，再铺在四周，用软化的黄油来粘贴，油纸就会很服帖啦。

效果

做蛋糕的很多小细节其实都很锻炼孩子的动手能力，有时候，他们想出的好办法，比我们大人想的还要好呢。

1. 判断蛋糕是否熟了，可以用牙签插入，如果牙签上没有粘蛋糕，则是熟了；
2. 没有椰浆可以用淡奶油代替。

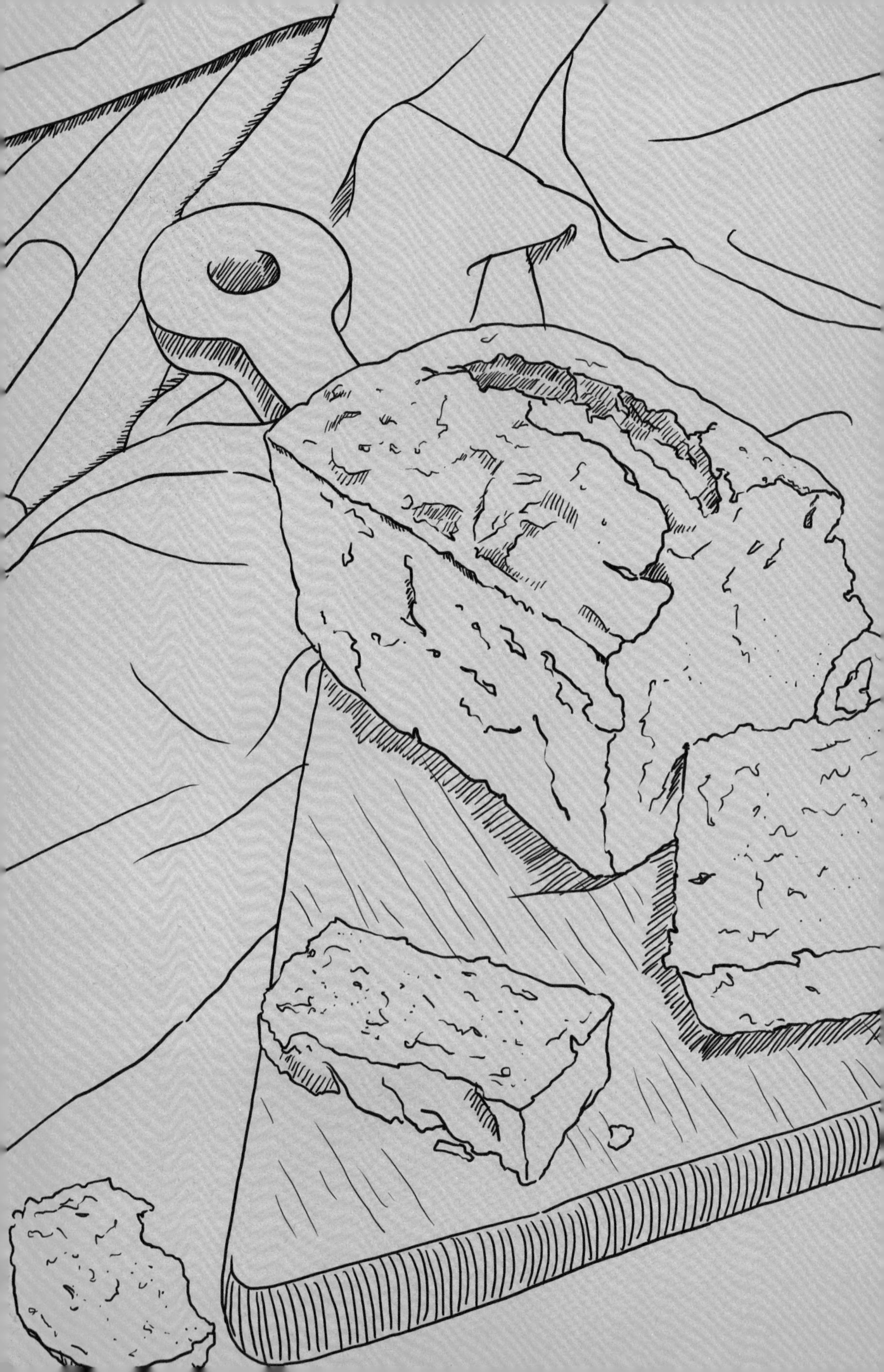

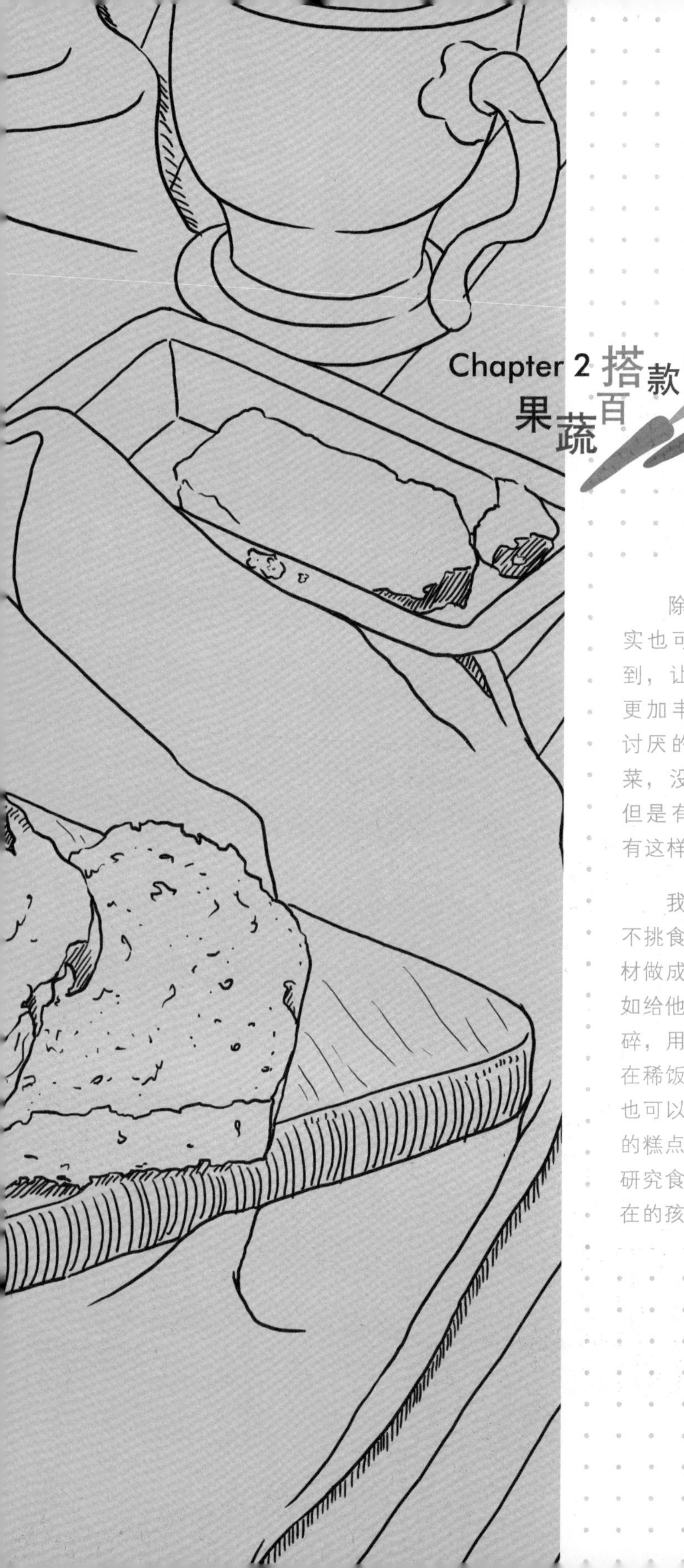

Chapter 2 果蔬百搭款，宝宝说Yes

Морковь

除了水果，很多蔬菜其实也可以在做糕点的时候用到，让糕点的口味和颜色都更加丰富。其实我小时候最讨厌的蔬菜就是胡萝卜和菠菜，没少被爸爸妈妈唠叨。但是有什么办法呢？大家也有这样的经历吧？

我希望我的孩子从小就能不挑食，所以我会把同一种食材做成不同的食物给他吃。比如给他做的蛋糕里加入胡萝卜碎，用土豆给他做饼干，除了在稀饭里可以吃到大枣以外，也可以让他吃到大枣和芝麻做的糕点。每天有人用心地给他研究食物的花样，我只能说现在的孩子也太幸福了吧！

葡萄妈
电台主播
葡萄
性别：男
生日：2014 年 12 月

葡萄刷蛋液的时候会看着我，我就会说你真棒！

和葡萄妈妈的对话：

生孩子之前，我就很喜欢在家里烤点心。现在有了孩子之后，更是觉得应该要给他做一些糕点。随着他长大，已经可以吃很多的糕点了。只有自己做，才会比较放心。虽然葡萄现在还不能帮太多的忙，但是他很喜欢在我做点心的时候在我的身边踮着脚看。我会把他放在桌子上，抓着他的手，试着让他去感受面粉、鸡蛋、面团的不同感觉。有时候也会抓着他的手拿着小刷子在饼干上刷蛋液，他会很认真，时不时地看看我，我就会鼓励他说做得真棒。他现在认识了很多食物和工具，每次看到我的点心出炉，都会迫切地追着我要。

让孩子一起动手，因为：

❤ 自己动手参与到做一款点心，会让孩子们充满成就感，渐渐地他们就会爱上亲自动手做一件事情所带来的满足感。

❤ 而爸爸妈妈在整个制作过程中不断地赞美，也会让孩子成为一个有自信的人。

❤ 和爸爸妈妈一起做点心的过程，其实就是让孩子有条理地去做一件事情，有顺序有先后，条理性会变得很强。

红薯饼干棒

需要用到的工具

打蛋盆
手动打蛋器
橡皮刮刀
电子秤
面粉筛
刮板
案板
擀面杖
保鲜膜
保鲜袋
刷子

参考分量

大约 15 条

材料

红薯泥 75 克
低筋面粉 75 克
黄油 45 克
糖粉 20 克
盐 1 克
表面用蛋黄液适量
表面用黑、白芝麻适量

1 红薯蒸熟冷却后放入保鲜袋中，用擀面杖压成泥；

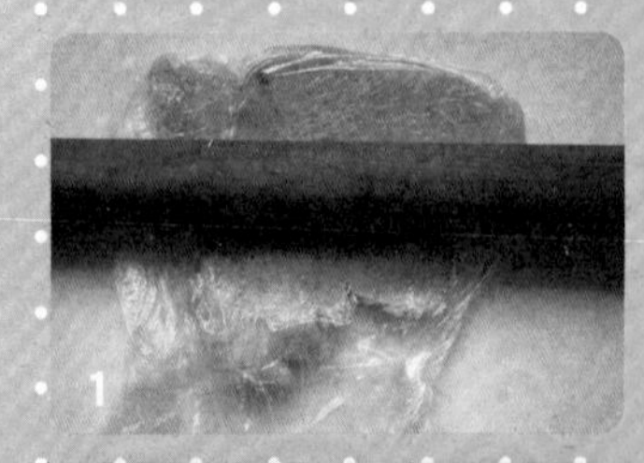

2 黄油软化后切小丁放入盆中；

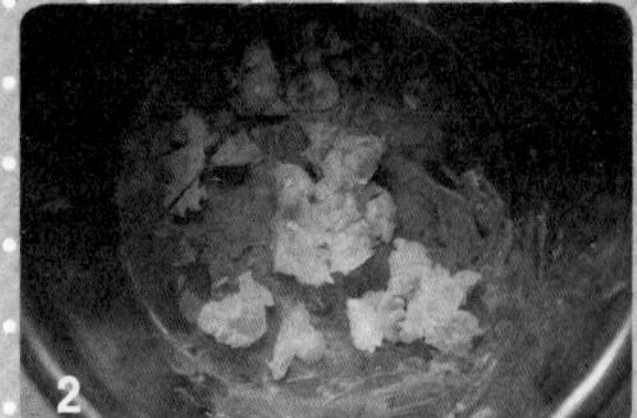

3 然后筛入低筋面粉，用刮刀拌成松散的面包糠状；

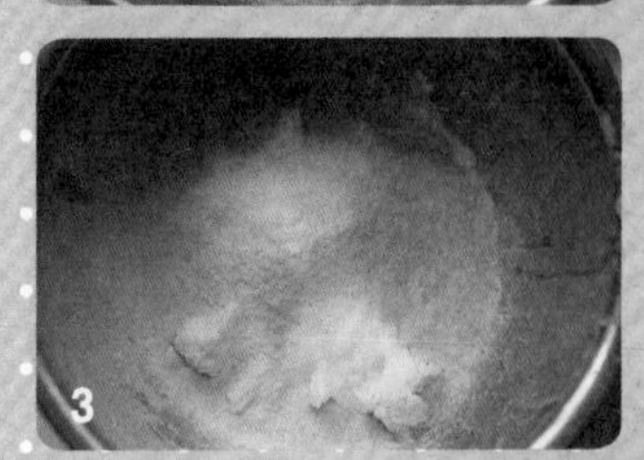

4 加入糖粉、盐，轻轻用手抓均匀；

5 再放入红薯泥，用手抓成均匀的面团；

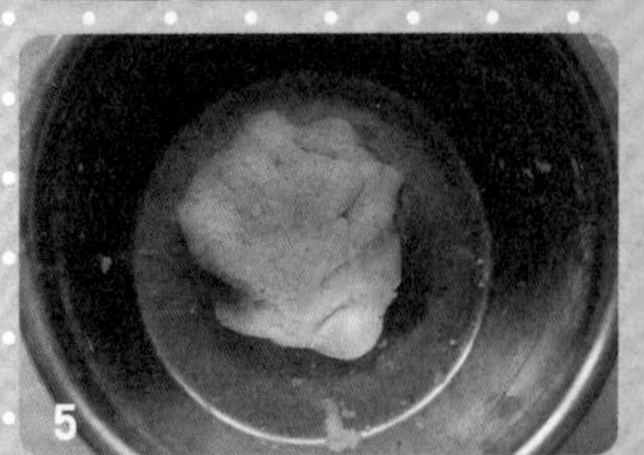

6 把面团放在铺了保鲜膜的案板上，擀成薄片；

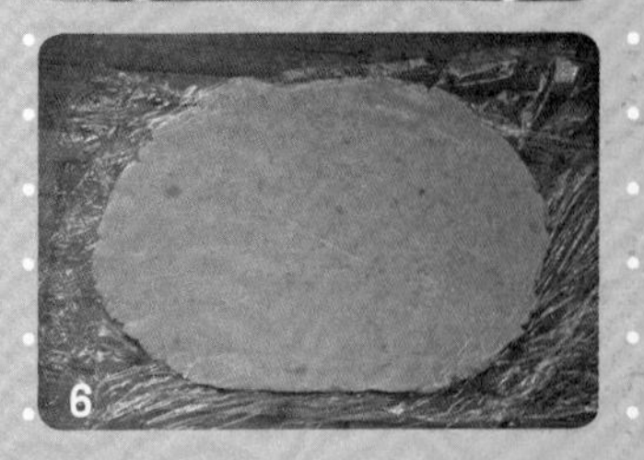

7 用刮板或小刀切去多余的边角，整形成长方形；

8 在表面刷上一层蛋黄液，再均匀地撒上一些黑芝麻和白芝麻；

9 用刮板或小刀切割成一样大的细长条；放入预热好170摄氏度的烤箱，上下火，放在中层，大约烤20分钟，表面金黄即可。

孩子适合参与的部分

- 把红薯擀成泥，用刮刀或者手把面团拌匀都是孩子很喜欢参与的部分。
- 其次，让孩子来分割面团成等量的细长条也是一件有趣的工作，你可以告诉他，他希望吃多大的饼干就切割出多大的形状来吧！
- 而刷蛋液和撒芝麻也是他们乐此不疲的高兴事儿呢，其实你只需要帮他们看着烤箱就够了。

效果

1 自己动手完成大部分的饼干制作，会让他们的成就感满满，渐渐地他们会爱上亲自动手做一件事情所带来的满足感；

2 而爸爸妈妈在整个制作过程中不吝地赞美，也会让孩子成为一个有自信的人。

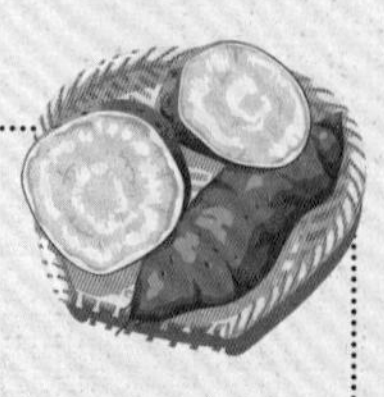

1. 如果烤箱没有正好在中间的那层，就放到倒数第二层；
2. 芝麻不需要提前烤熟。

土豆苏打饼干

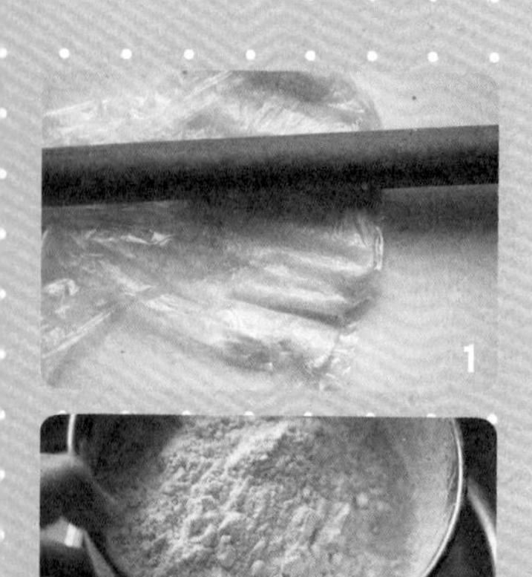

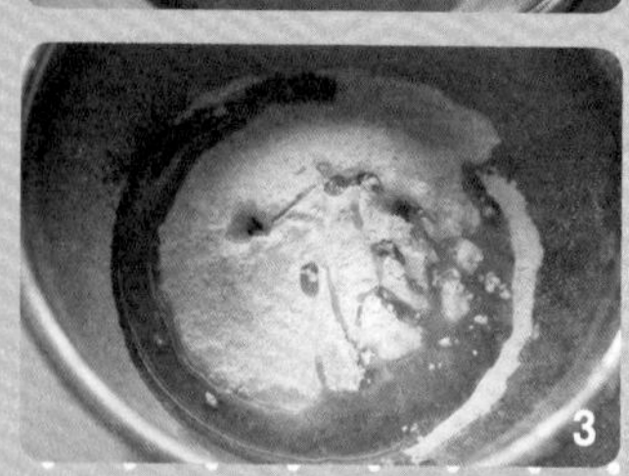

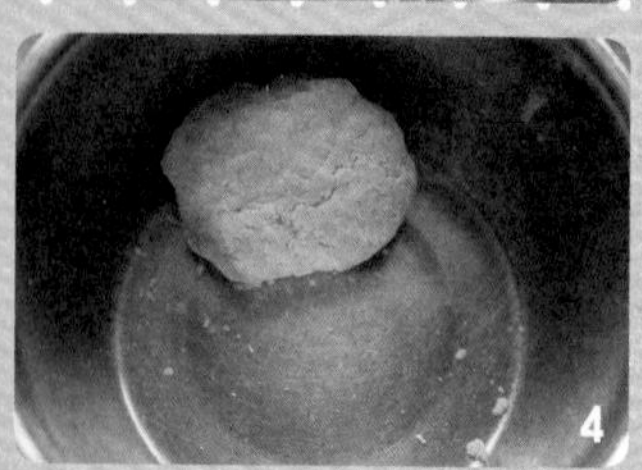

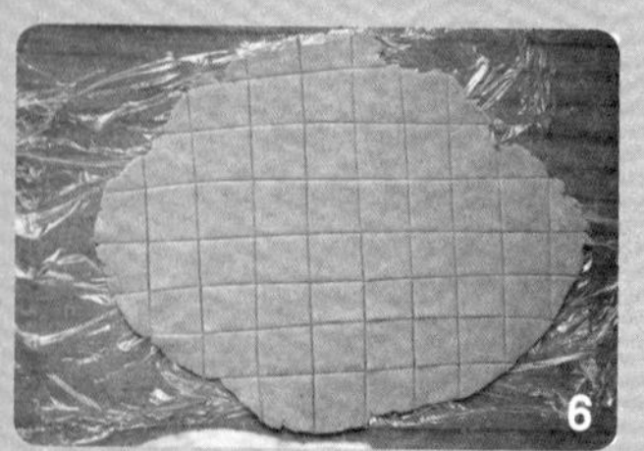

需要用到的工具

电子秤
打蛋盆
面粉筛
量勺
保鲜袋
擀面杖
轮刀
叉子
羊毛刷

材料

饼干部分：

玉米油 40 克
低筋面粉 150 克
盐 1/4 小勺
小苏打 1/4 小勺
蒸熟的土豆 80 克

表面装饰：

干葱碎适量
清水适量

参考分量

约 40 片左右

1 土豆先蒸熟，然后放入保鲜袋用擀面杖压成泥状；

2 低筋面粉、盐、小苏打混合筛入盆中，用手动打蛋器拌匀；

3 加入玉米油，用手抓揉成松散状；

4 加入土豆泥，揉成均匀的面团；

5 把面团放在案板上，擀成薄片；

6 用轮刀分割成等大的小正方形；

7 摆入烤盘，在表面用叉子或者牙签扎一些小孔；

8 然后再在表面刷一层清水；

9 最后在表面撒一些干葱碎；烤箱预热170摄氏度，上下火全开，放在烤箱中层，烤15～18分钟，表面金黄即可。

孩子适合参与的部分

- 轮刀可以用刮板代替，让孩子来切割面片。
- 扎小孔、刷清水、撒葱碎，每一步的参与都会让他们对自己做出来的饼干信心满满。

效果

1 有条理地去完成一件事情，慢慢地就能看出它的好处；

2 苏打饼干是超市里最常见的饼干，自己也可以做，会不会让孩子觉得很有成就感呢？

1．如果有海盐的话，可以换成海盐，味道更好；
2．干葱碎也可以换成其他干燥的香料装饰，比如罗勒、百里香等；
3．这款饼干加入了大量的土豆泥，所以一定要烤透哈，很适合做给小朋友吃呢。

瑶柱虾仁披萨

需要用到的工具

电子秤
面包机
案板
擀面杖
牙签
披萨盘

参考分量

6 寸披萨两个

材料

披萨面团一份
虾适量
瑶柱丝罐头适量
马苏里拉奶酪适量

1 取一份披萨面团，揉成圆形，然后在手心压扁，用手在披萨盘内推开；

2 用牙签在表面扎小孔；

3 送入预热好 200 摄氏度的烤箱烘烤三五分钟让面皮定型；

4 取出后在表面撒上一些马苏里拉奶酪；

5 放上一层罐头瑶柱丝；

6 再放上几只虾；

7 最上面铺一层马苏里拉奶酪；送入预热好 200 摄氏度的烤箱，上下火全开，放在烤箱中层，大约烤 18 分钟，表面出现焦黄点即可。

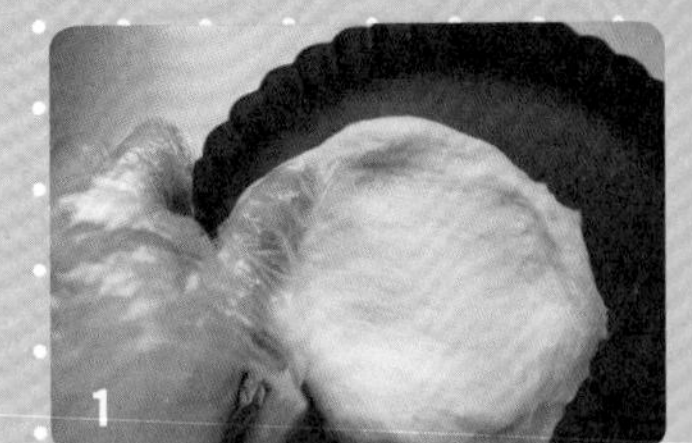

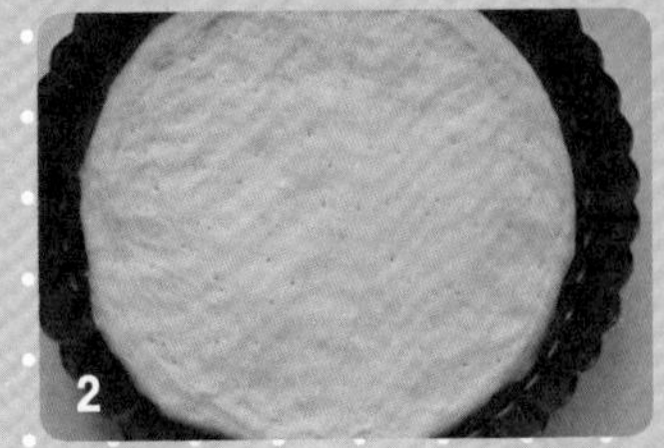

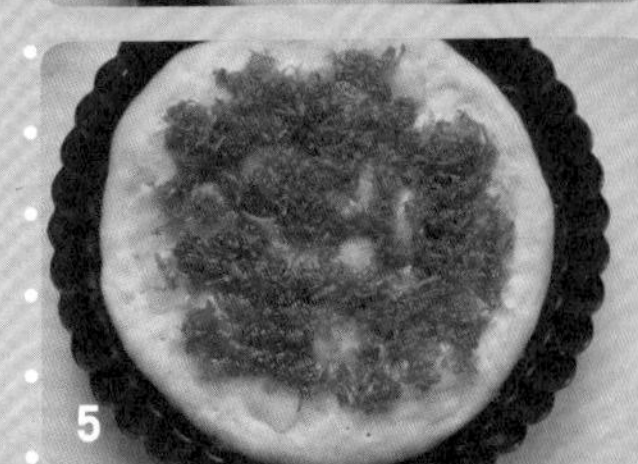

1. 瑶柱丝罐头本身已经有味道了，所以没有加其他调味，我选择的是辣味瑶柱丝；
2. 也可以用剥好的虾仁；
3. 披萨面团的做法见“榴莲披萨”。

蒜香面包条

需要用到的工具

羊毛刷
锡纸
案板
菜刀
电子秤
量勺

材料

吐司片适量
黄油适量
蒜末适量
青椒适量
盐适量
胡椒适量

参考分量

适量

1
把蒜和青椒切碎;

2
把吐司片切成细条；

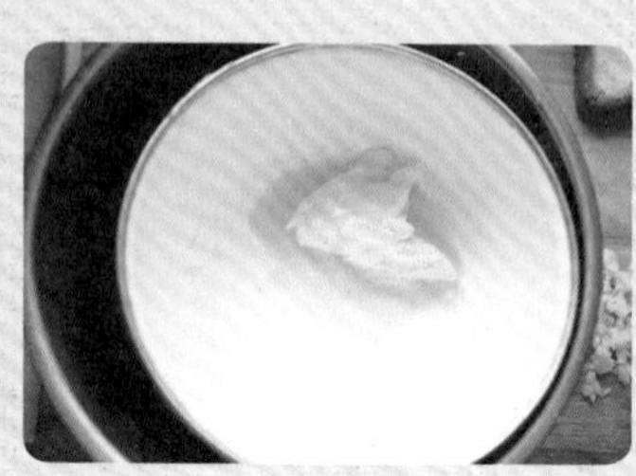

3
把黄油放入碗中隔热水融化成液体；

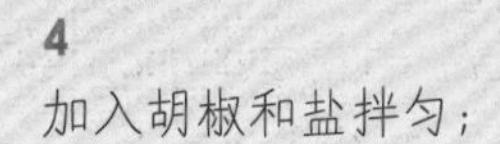

4
加入胡椒和盐拌匀；

5
用刷子涂抹在吐司条表面；

6
放入铺了锡纸的烤盘，烤箱预热180摄氏度，上下火全开，放在烤箱中层，烤8～10分钟，表面焦黄即可。

孩子适合参与的部分

- 涂抹吐司条的表面，告诉他们，这是味道的关键；
- 烤好冷却之后，把这些吐司条放在密封罐里保存。

效果

吃不完的吐司都可以这样做，无论是甜的还是咸的，都是好吃的小零嘴。家里的馒头也都可以这样做哦；孩子会觉得任何食物在我们家都不会被浪费。

椰蓉玛德琳

需要用到的工具

打蛋盆
电子秤
手动打蛋器
刮刀
面粉筛
量勺
裱花袋
玛德琳模

参考分量

图中模具 6 个

材料

鸡蛋 2 个
细砂糖 70 克
盐 1/4 小勺
低筋面粉 100 克
泡打粉 1/2 小勺
大豆油 80 克
椰浆 15 克
椰蓉 10 克
黄油适量

1 鸡蛋和细砂糖放入盆中；

2 用手动打蛋器搅拌均匀，不要打出太多的泡沫；

3 加入椰浆，再次搅拌均匀；

4 将低筋面粉、盐、泡打粉混合筛入，用刮刀翻拌均匀；

5 加入椰蓉，再次翻拌均匀；

6 加入大豆油，翻拌成均匀的面糊即可；

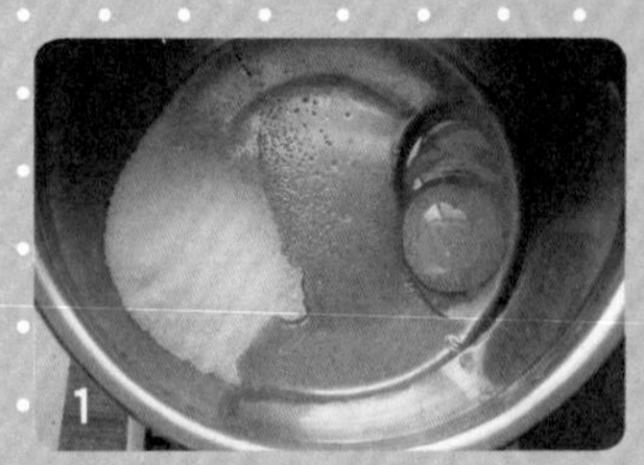

1. 如果是不粘玛德琳模具，可以省略涂抹黄油这一步；
2. 大豆油也可以换成玉米油、葵花籽油等没有特殊气味的植物油；
3. 植物油做的玛德琳蛋糕口感更加松软。

7

8

9

7 把面糊倒入裱花袋中，剪一个小口；

8 在玛德琳模具内涂抹一层软化的黄油防粘；

9 把面糊挤入模具内，七八分满；烤箱预热190摄氏度，上下火全开，放在烤箱中层，大约烤20分钟，至表面金黄即可。

孩子适合参与的部分

- 用裱花袋挤入模具中这一步应该是孩子最感兴趣的部分，告诉他们每个都要挤差不多高度哦。

效果

和妈妈一起协作完成将面糊装入裱花袋以及挤入模具中，绝对是最棒的亲子时光。

另有柠檬玛德琳蛋糕
制作教程扫码可看

红薯奶酥

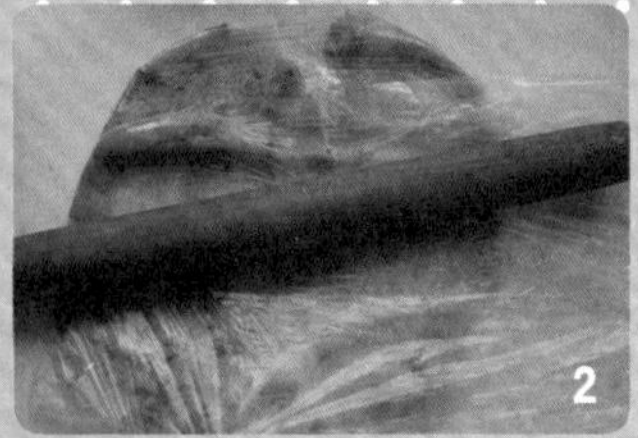

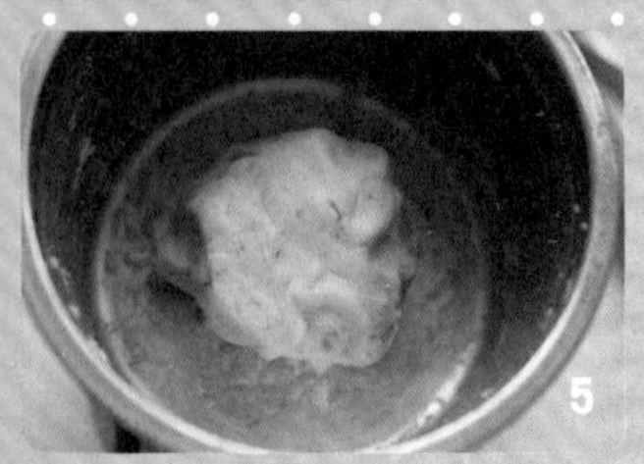

需要用到的工具

电子秤
刮刀
小锅
羊毛刷
擀面杖
保鲜袋
锡纸

材料

红薯 150 克
蛋黄 1 个
细砂糖 5 克
黄油 10 克
表面刷蛋黄液适量
黑芝麻适量

参考分量

约 18 块

1 红薯切块放在烤箱里烤熟；

2 稍微冷却之后放入保鲜袋中，用擀面杖擀成泥状；

3 把红薯泥、细砂糖、黄油放入小锅中；

4 开小火加热，将细砂糖和黄油融化，把红薯泥炒干；

5 关火后稍微冷却，加入一个蛋黄均匀搅拌成一个面团状；

6 用手取一小块揉成圆球，再整形成橄榄状（每个都要大小一致）；

7 把整形好的摆入铺了锡纸的烤盘中；

8 在表面刷一层蛋黄液，再撒一些黑芝麻；烤箱预热 175 摄氏度，上下火全开，放在烤箱中层，烤 15 ~ 20 分钟，表面金黄即可。

孩子适合参与的部分

- 用手整形是最适合孩子参与的了，他们会觉得这个像彩泥吧。
- 刷蛋液、撒芝麻绝对是考验细致力的活儿。

效果

1 塑形需要的是手脑并用，形象地感知完之后还能吃掉；

2 简单的红薯，妈妈也能做出特别的点心，他们会不会很佩服你呢？

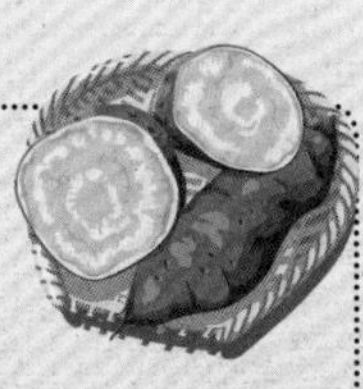

1. 想要每个面团都大小一致，可以用电子称称量一下；
2. 黑芝麻用生的熟的都可以。

胡萝卜饼干棒

需要用到的工具

电子秤
打蛋盆
手动打蛋器
刮刀
面粉筛
裱花袋
案板
锡纸

参考分量

约 40 根

材料

黄油 50 克
糖粉 20 克
低筋面粉 75 克
蛋白 20 克
胡萝卜碎 20 克

做法 Method

1 胡萝卜洗净去皮，在案板上切碎；

2 黄油软化后放入盆中，用刮刀拌匀；

3 加入糖粉，先用刮刀拌匀，再用手动打蛋器搅拌均匀；

4 分两次加入蛋白，顺着一个方向搅拌均匀，直到蛋白完全被吸收；

5 筛入低筋面粉，用刮刀翻拌到无干粉；

6 加入胡萝卜碎，再次翻拌成均匀的面糊；

1

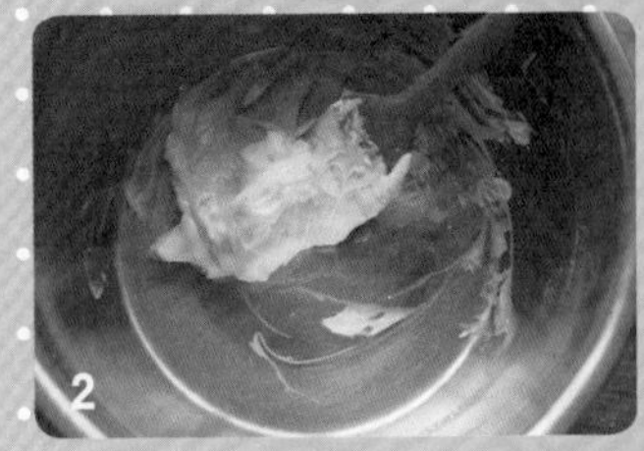
2

3

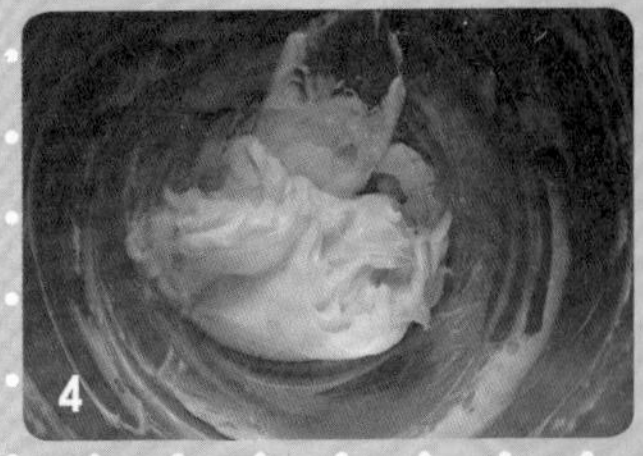
4

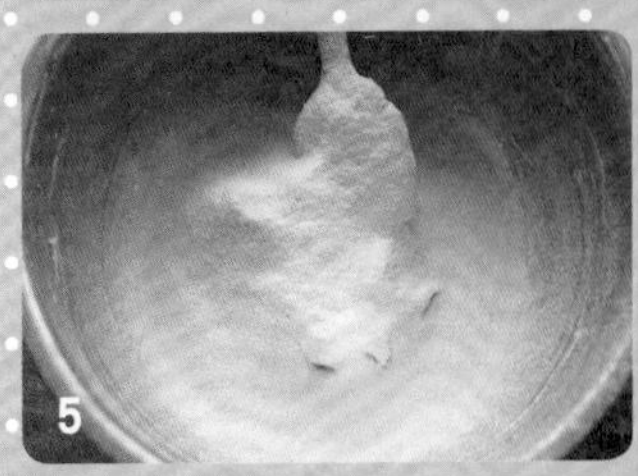
5

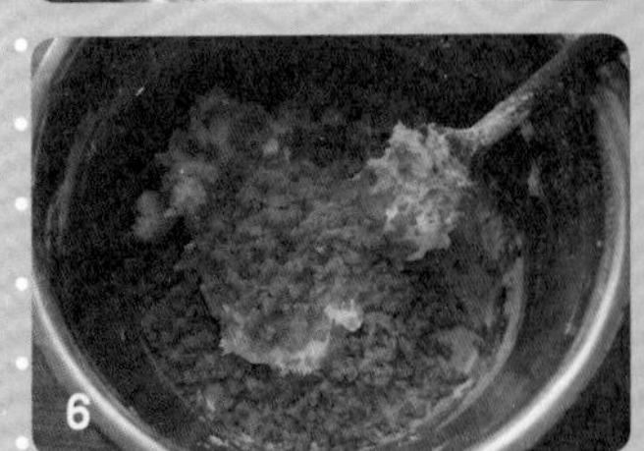
6

TIPS

1. 因为胡萝卜碎比较大，不适合用裱花嘴挤，所以挤成条状更方便；
2. 蛋白可以让饼干比较脆硬一些，也可以用全蛋制作。

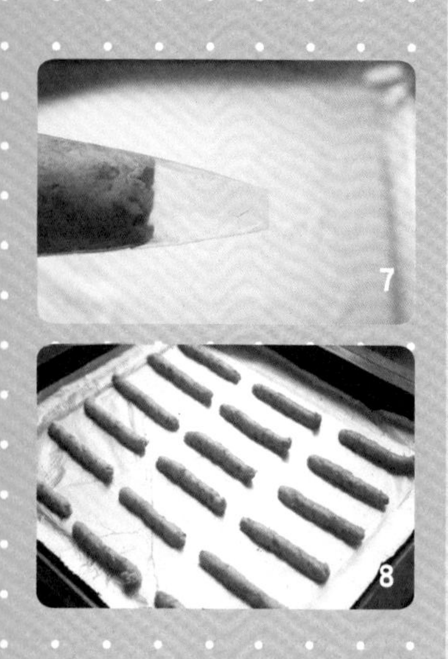

7 把面糊装入裱花袋中，剪一个小口；

8 在铺了锡纸的烤盘上挤出细长条，每个之间留出一定的空隙；烤箱预热170摄氏度，上下火全开，放在烤箱中层，烤12～15分钟。

孩子适合参与的部分

- 挤成长条之外，他们也会想挤出各种形状来哦。
- 每块饼干之间保持一定的空隙，他能空得很均匀吗？

效果

1 彩色的蔬菜做点心，看起来食欲就会很好。下次试试土豆或者紫薯吧；

2 对于挑食的孩子，换个吃法，是最好的办法。

枣泥芝麻蛋糕

需要用到的工具

电子秤
打蛋盆
手动打蛋器
刮刀
面粉筛
量勺
方形深烤盘
小锅
油纸

材料

鸡蛋 4 个
大豆油 100 克
泡打粉 1/2 大勺
红枣 180 克
低筋面粉 180 克
小苏打 1 小勺
细砂糖 150 克
白芝麻适量

参考分量

20 厘米的方形深烤盘

1 红枣洗干净，对半切开，去核；

2 小锅中加入能盖过红枣的水，煮沸后加入红枣，小火慢煮，煮到红枣软烂；

3 把红枣倒入碗中，去皮，然后称出 130 克枣肉；

4 把称好的枣肉放入盆中；

5 加入细砂糖，用手动打蛋器顺着一个方向搅拌，直到细砂糖大部分已经融化；

6 加入四个鸡蛋，继续用打蛋器搅拌均匀，但不要打发；

7 将低筋面粉、泡打粉和小苏打混合筛入，用刮刀翻拌成无干粉的面糊即可；

8 加入大豆油，搅拌均匀，蛋糕糊就做好了；

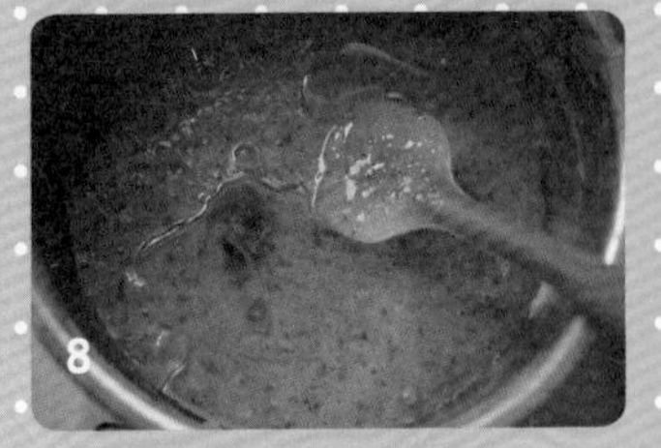

9 把蛋糕糊倒入铺了油纸的方形深烤盘内；

10 在表面撒一些白芝麻；烤箱预热165摄氏度，上下火全开，放在烤箱中层，大约烤40分钟。

孩子适合参与的部分：

- 剥枣皮这件事，妈妈真的很需要你的帮助哦！
- 撒芝麻可以试试撒出你喜欢的图案来。

效果

1 除了做成方形蛋糕之外，也可以试试用其他模具来烤，比如可爱的凯蒂猫蛋糕模或者纸杯蛋糕模，看看会有什么不同；

2 蛋糕冷却之后要切块食用，你的孩子都会分给谁呢？

1. 红枣一定要去皮，不然会影响口感；
2. 芝麻用生的熟的都可以。

玫瑰曲奇

需要用到的工具

打蛋盆
手动打蛋器
橡皮刮刀
电子秤
量勺
面粉筛
裱花袋
裱花嘴
锡纸
烤架

材料

黄油 100 克
糖粉 50 克
鸡蛋 30 克
低筋面粉 150 克
玫瑰水 1 小勺
玫瑰糖适量
黑巧克力适量

参考分量

大约 32 块

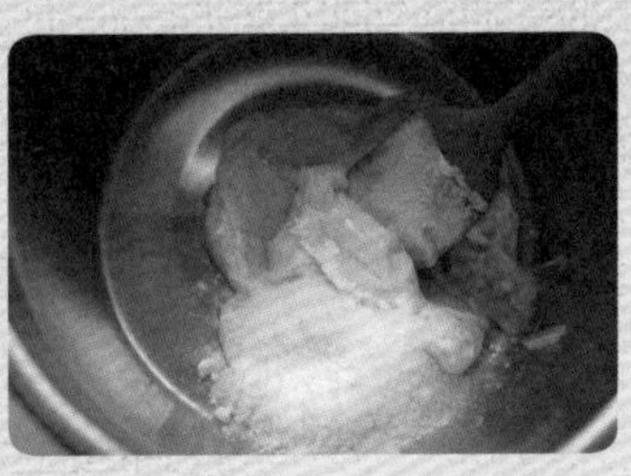

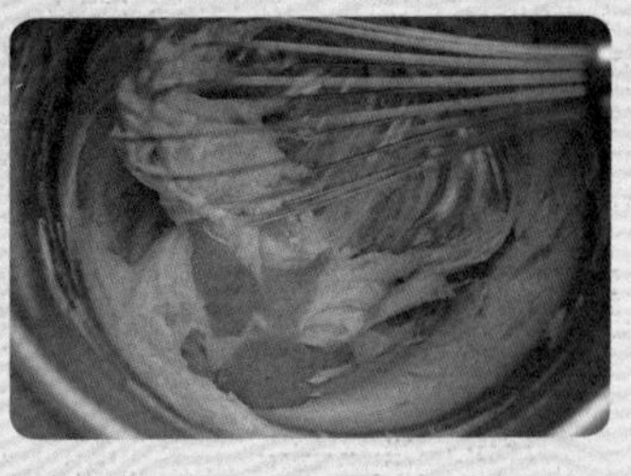

1
黄油软化后放入盆中，用刮刀拌匀；

2
加入糖粉，先用刮刀拌匀，再用手动打蛋器搅打均匀；

3
分两到三次加入鸡蛋，用手动打蛋器顺着一个方向搅打均匀，每次都要搅打到完全被吸收；

4
加入玫瑰水，继续搅拌均匀；

5
筛入低筋面粉，用刮刀翻拌成均匀的面糊；

6
把面糊装入装了裱花嘴的裱花袋中；

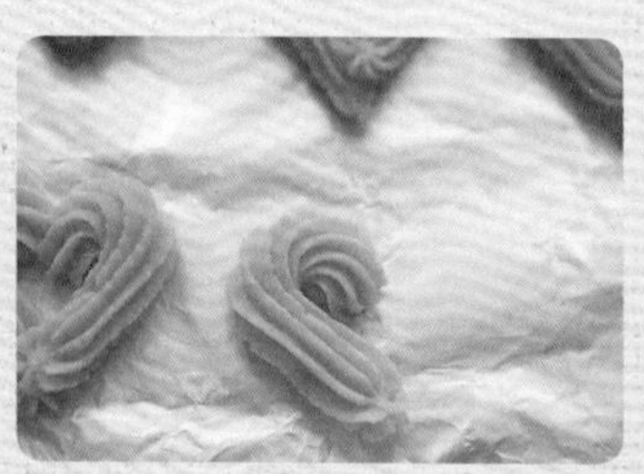

7
在铺了锡纸的烤盘上挤出爱心的形状；

8
烤箱预热 180 摄氏度，上下火，放在中层，大约烤 20 分钟；

9
冷却之后融化一些黑巧克力，涂抹在曲奇的一侧，放在烤架上；

10
然后在上面撒一些玫瑰糖即可。

孩子适合参与的部分

- 孩子应该会对特殊的味道感兴趣，比如说这个玫瑰水，他可能会要求尝一尝，你可以让他加入到面糊中并搅拌均匀，让他感受面糊中的玫瑰芳香，告诉他制作好曲奇之后，就可以尝到玫瑰味的饼干。
- 挤曲奇是个需要经验的活儿，但是没有关系，孩子会用他丰富的想象力弥补经验的不足，你可以要求他们挤成心形，当然也可以让他挤出自己喜欢的图案。
- 而涂抹巧克力绝对是他们爱干的活儿，一边涂一边吃，享受美好的亲子时光吧。

效果

1. 我们可以用很多平常接触比较少的新鲜食材来让孩子们感兴趣，也同时让他们认识更多食物的不同之处；
2. 他也许会用面糊挤出自己的名字，或者是一句想对爸妈说的话，那就由着他来玩吧，除了好吃，也能收获满满的爱吧。

1．这个玫瑰水是可以食用的，我用的是英国 Steenbergs 天然有机玫瑰水；
2．玫瑰糖在淘宝可以买到，没有也可以省略。

香蕉磅蛋糕

另有情人节“心机”磅蛋糕
制作教程扫码可看

需要用到的工具

电子秤
打蛋盆
手动打蛋器
刮刀
面粉筛
量勺
磅蛋糕模
保鲜袋
擀面杖

材料

鸡蛋 1 个
香蕉 1 根
低筋面粉 100 克
泡打粉 1 小勺
细砂糖 20 克
炼乳 30 克
大豆油 40 克

参考分量

图中 15 厘米 ×7.5 厘米 ×6.5 厘米模具一个

1
把香蕉放入保鲜袋里擀成泥；

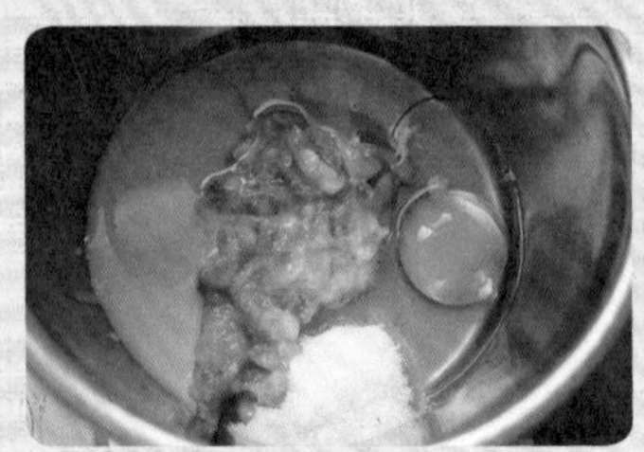

2
把鸡蛋、细砂糖、炼乳、大豆油和香蕉泥一起放入盆中；

3
用手动打蛋器搅拌均匀；

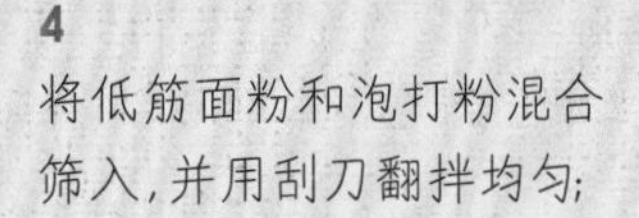

4
将低筋面粉和泡打粉混合筛入，并用刮刀翻拌均匀；

5
把拌好的面糊倒入蛋糕模中（如果模具没有不粘涂层，则需要在底部及四周涂抹一层软化的黄油防粘）；

6
烤箱预热170摄氏度，上下火全开，放在烤箱中层，大约烤30分钟，以表面金黄为准。

孩子适合参与的部分

- 混合各种食材，了解各种食材的味道。
- 涂抹蛋糕模，用勺子或者裱花袋把蛋糕糊装入模具中。

效果

除了香蕉，可以告诉你的孩子，草莓、苹果、桃子等水果也都可以做成蛋糕哦；对食物的兴趣可以通过烘焙来培养。

1. 香蕉要选择熟透的；
2. 炼乳要选择原味的。

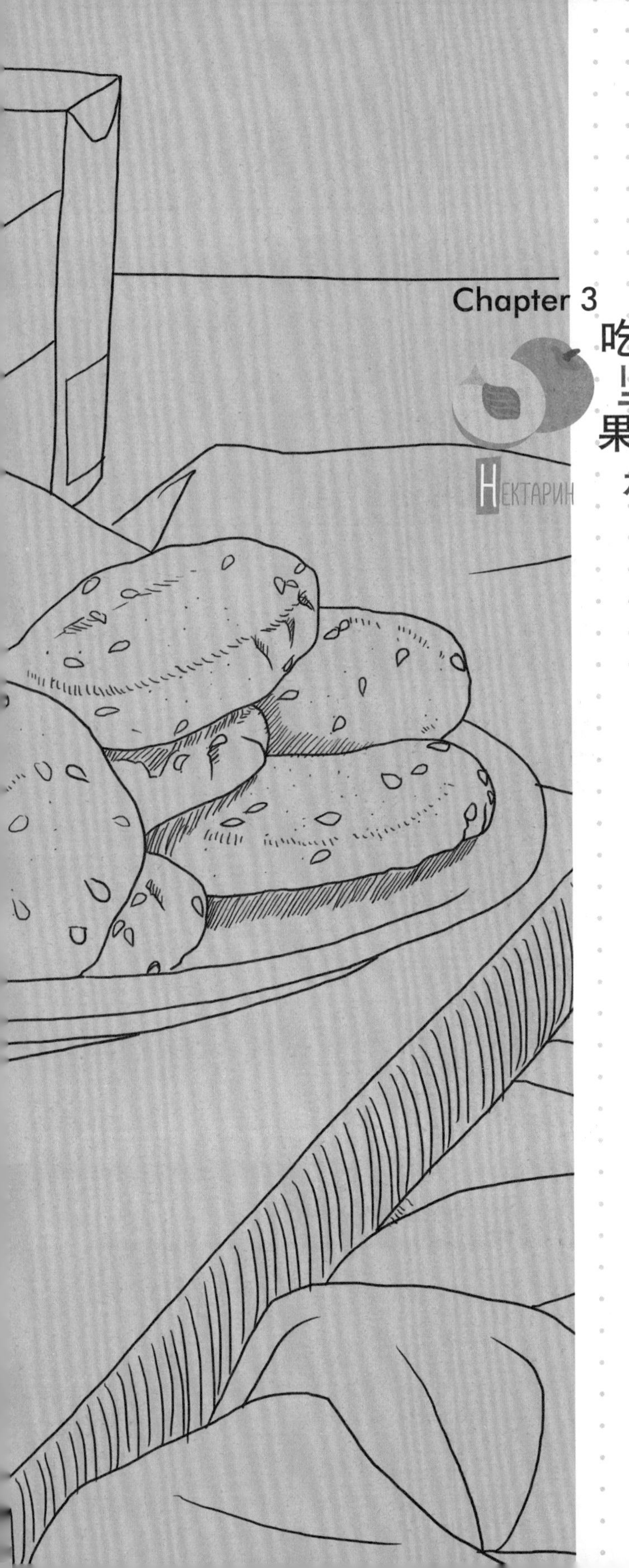

Chapter 3 吃坚果是一件很重要的事

杏仁、开心果、夏威夷果、腰果……这么说吧，但凡坚果我没有不爱的。

坚果的好处，妈妈们或许都知道了吧。含有大量的不饱和脂肪酸和蛋白质，可以补脑益智，而且据说吃坚果时比较高强度的咀嚼对提高视力有一定的帮助呢。总之，每天适量地吃一点加入坚果的糕点，对小朋友绝对是有好处的啦！

豆芽
性别：女
生日：2015 年 1 月
豆芽妈
电视台主播

我做饼干的时候，豆芽会想要去模仿

和豆芽妈的对话：

对于才 1 岁多的豆芽来说，她现在每天在我做点心的时候，抓来吃要比动手做的频率更多。但是她吃得健康，也是我烘焙的动力。我的心愿就是，等她再长大一点，可以自己独立做一些简单的点心带去幼儿园分享给同学和老师吃。因为我觉得如果我女儿会烤点心，将来一定会迷倒那些幼儿园里的小男生吧，哈哈。我倒是没指望她将来在厨艺上能有多优秀，但是锻炼和提高她的动手能力，我就觉得烘焙是一个不错的选择。我现在拿卡通的饼干模刻饼干的时候，她也会想要去模仿，并且她对这些饼干模很感兴趣。

让孩子一起动手，因为：

- 用手去抓揉面团，有什么能比这更亲近地接触食物呢？
- 我们可以用很多平常接触比较少的新鲜食材来让孩子们感兴趣，也同时让他们认识更多食物的不同之处；
- 坚果在烘烤之后，和之前吃起来的会有什么不同吗？

烤布朗尼芝士蛋糕

需要用到的工具

手动打蛋器
橡皮刮刀
不锈钢打蛋盆
电子秤
面粉筛
量勺
慕斯圈
裱花袋
牙签
锡纸

参考分量

4 寸慕斯圈 4 个

材料

布朗尼部分：
65% 黑巧克力币 65 克
鸡蛋 1 个
黄油 60 克
低筋面粉 30 克
糖粉 30 克
核桃碎适量
朗姆酒浸葡萄干适量
香草精 1 小勺
朗姆酒 1 小勺

芝士部分：
奶油奶酪 250 克
糖粉 60 克
鸡蛋 1 个
香草精适量

1 黑巧克力币放在盆中隔热水融化成液体；

2 加入软化的黄油，搅拌成混合均匀的液体；

3 分两次加入鸡蛋，搅拌均匀；

4 加入香草精和朗姆酒，搅拌均匀；

5 将低筋面粉和糖粉混合筛入，翻拌均匀；

6 加入提前烤熟的核桃碎和浸泡过朗姆酒的葡萄干，翻拌均匀；

1. 朗姆酒可以省略；
2. 此方也可以制作一个六寸的蛋糕。

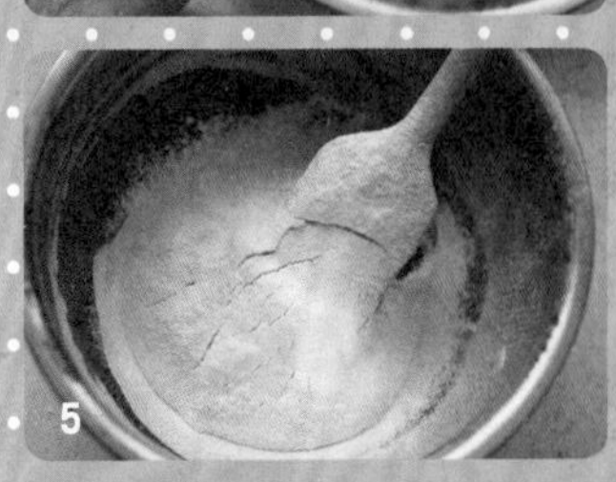

7 装入裱花袋中备用（不用刮得太干净，见后文）；

8 **制作芝士部分：**奶油奶酪提前切小块放入盆中隔热水软化，然后搅拌均匀；

9 再加入糖粉，用打蛋器继续搅打均匀；

10 加入香草精，搅拌均匀；

11 再加入鸡蛋，继续搅打均匀；

12 把拌好的芝士糊装入裱花袋中备用（不用刮得太干净，见后文）；

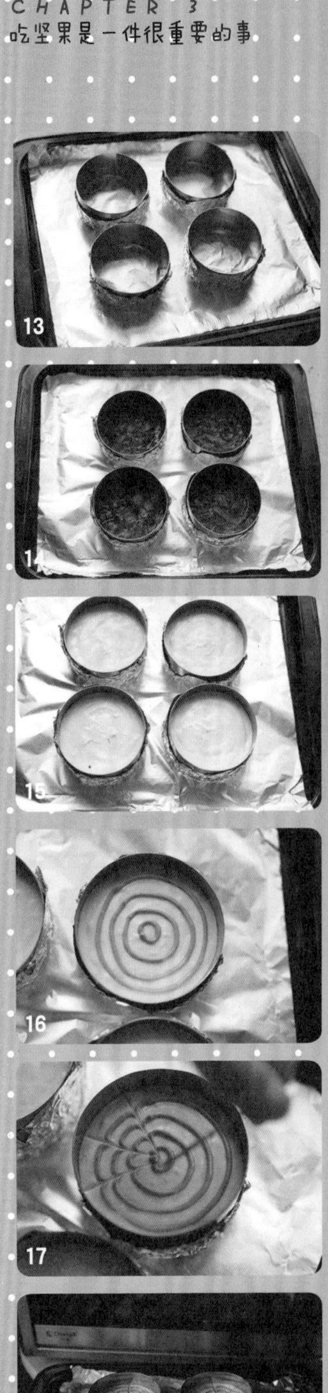

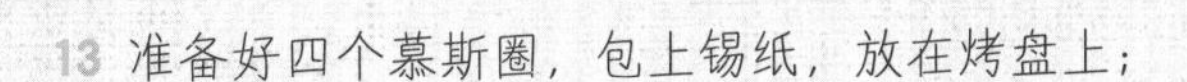

13 准备好四个慕斯圈，包上锡纸，放在烤盘上；

14 先把布朗尼糊挤入模具中，表面用刮刀抹平整；

15 再挤入芝士糊，磕一下烤盘，让表面比较平整；

16 把刚刚两个盆中剩余的一点点两种面糊拌匀，装入裱花袋中，在每一个蛋糕的表面画出几个圆圈；

17 然后用牙签由外向里垂直画出一条直线，形成花纹；

18 送入已经预热好160摄氏度的烤箱，上下火全开，放在烤箱中层，大约需要烤35分钟，表面上色即可。

香蕉核桃小蛋糕

需要用到的工具

手动打蛋器
橡皮刮刀
不锈钢打蛋盆
电子秤
面粉筛
量勺
裱花袋
连蛋糕模
保鲜袋
擀面杖

参考分量

单孔上直径 5 厘米的 12 连蛋糕模

材料

鸡蛋 1 个
香蕉 1 根
低筋面粉 100 克
细砂糖 45 克
牛奶 30 克
大豆油 30 克
泡打粉 1 小勺
熟核桃碎适量

1 鸡蛋放入盆中；

2 加入细砂糖，用手动打蛋器搅拌均匀；

3 加入牛奶和大豆油，继续搅拌均匀；

4 将香蕉放入保鲜袋内擀成泥状；

5 把香蕉泥放入上面拌好的糊中，搅拌均匀；

6 将低筋面粉和泡打粉混合筛入，用刮刀翻拌均匀；

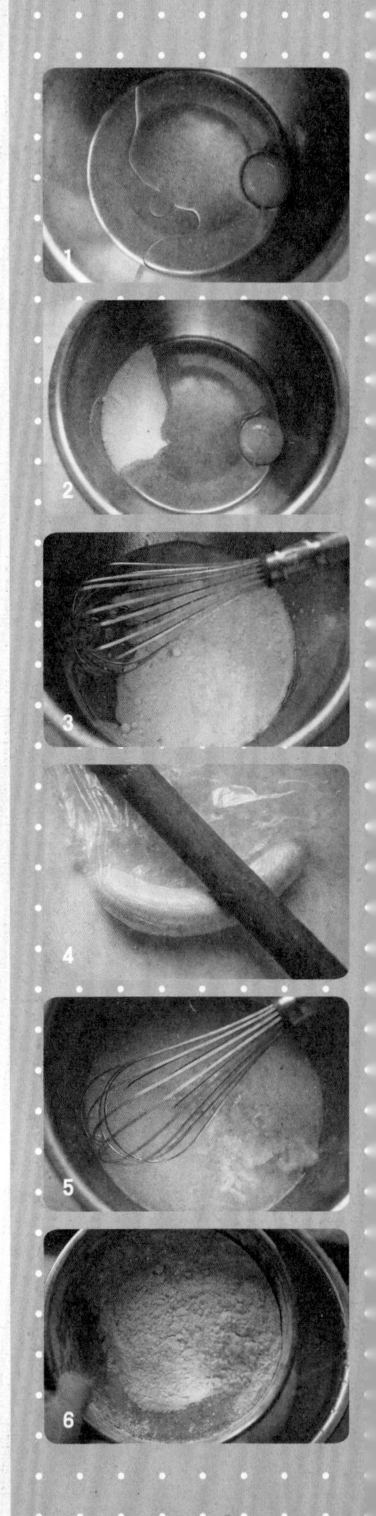

7 然后加入烤熟的核桃碎，再次翻拌均匀，蛋糕面糊就做好了；

8 把拌好的面糊装入裱花袋中，挤入蛋糕模具中，七八分满；烤箱预热180摄氏度，上下火全开，放在烤箱中层，大约烤20分钟，表面上色即可。

1. 大豆油可以换成玉米油、葵花籽油、亚麻籽油等植物油；
2. 除了金属模具，也可以用纸杯蛋糕模或者硅胶蛋糕模做。

开心果饼干

开心果富含维生素、矿物质和抗氧化元素，具有低脂肪、低卡路里、高纤维的特点，要经常给孩子吃哦。

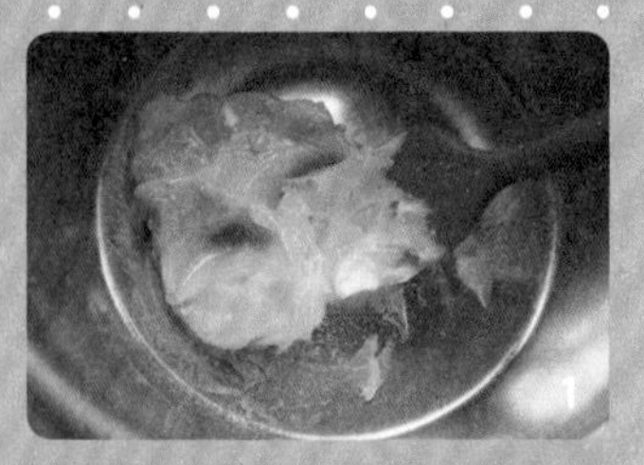

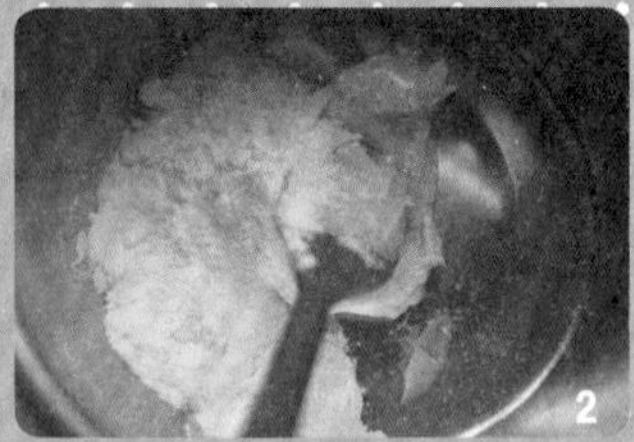

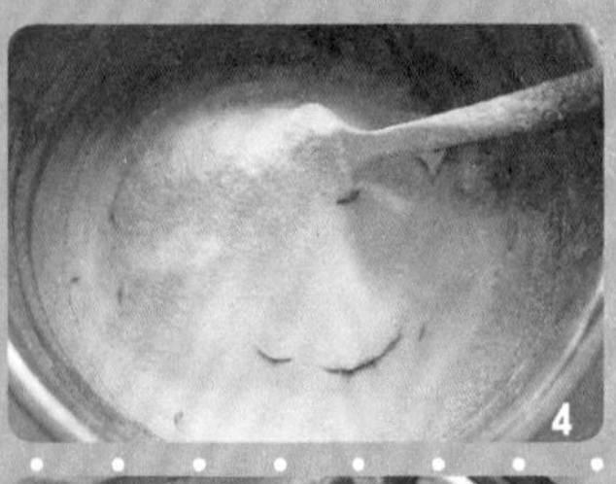

需要用到的工具

手动打蛋器
橡皮刮刀
不锈钢打蛋盆
电子秤
面粉筛
牙签
锡纸

材料

黄油 75 克
糖粉 30 克
低筋面粉 120 克
开心果泥 20 克

参考分量

约 25 块

1 黄油软化后放入盆中，用刮刀拌匀；

2 加入糖粉，先用刮刀拌匀，再用手动打蛋器搅拌均匀；

3 加入开心果泥，继续搅拌均匀；

4 将低筋面粉筛入上面拌好的糊中，用刮刀翻拌成均匀的面团；

5 把面团分成若干相同大小的圆球，摆入铺了锡纸的烤盘；

6 然后用牙签按压出交错的格子；烤箱预热 160 摄氏度，上下火全开，放在烤箱中层，大约烤 20 分钟，边缘上色即可。

1. 开心果泥的颜色不同，做出来饼干的颜色可能会有差别；
2. 饼干不易过大过厚，否则不容易烤透。

法式杏仁派

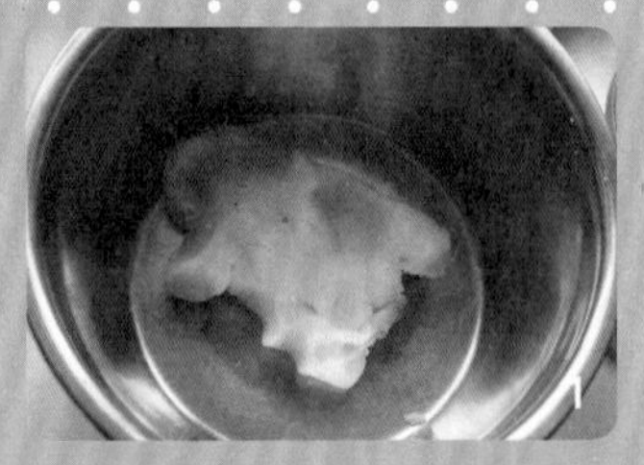

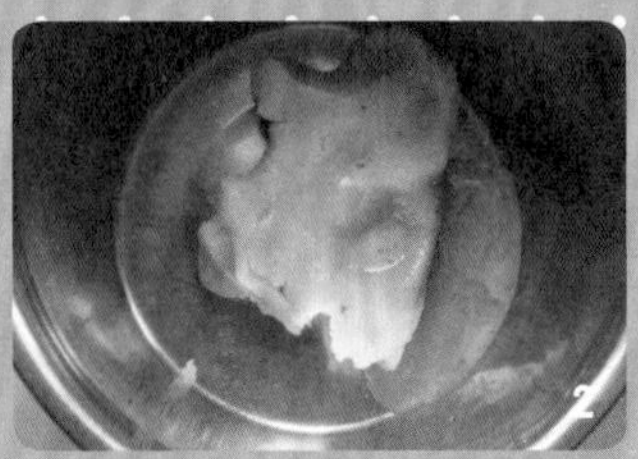

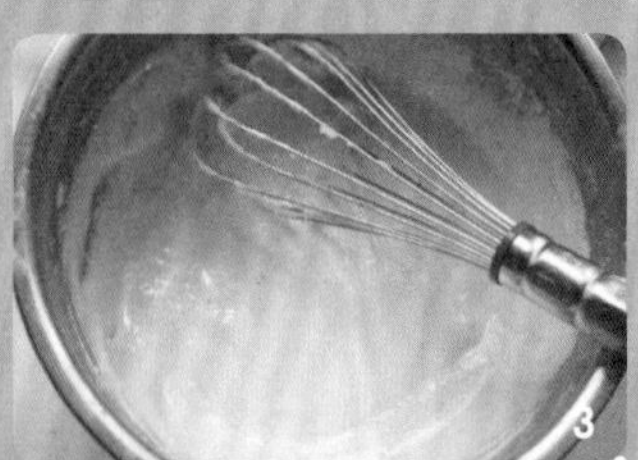

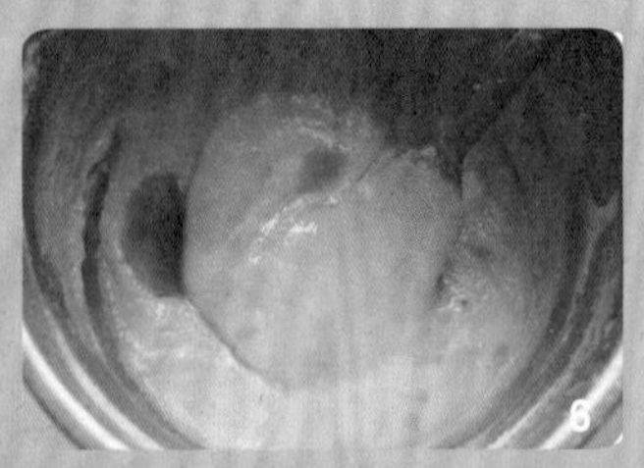

需要用到的工具

手动打蛋器
橡皮刮刀
不锈钢打蛋盆
电子秤
面粉筛
花边派模
羊毛刷
量勺

材料

杏仁膏 150 克
鸡蛋 2 个
黄油 45 克
高筋面粉 13 克
玉米淀粉 12 克
樱桃酒 1 小勺
大杏仁片适量
糖粉适量
镜面果胶适量

参考分量

11.6 厘米 ×6.3 厘米 ×2 厘米派模 3 个

1 杏仁膏放入盆中先用手揉搓变得稍微柔软；

2 分多次加入鸡蛋，每次都要揉到被吸收；

3 随着鸡蛋的加入，杏仁膏变得越来越软，然后用手动打蛋器搅打均匀，成为细腻的糊状；

4 黄油隔热水融化成液体，然后先往里面加入少量的杏仁膏糊，搅拌均匀，再加入剩余的杏仁膏糊，搅拌均匀；

5 筛入高筋面粉和玉米淀粉，用刮刀翻拌均匀，直到成为均匀的面糊；

6 加入樱桃酒，继续翻拌均匀；

7 在模具中涂抹一层分量外的软化的黄油，然后把大杏仁片铺在模具的底部和四周；

8 把面糊平均倒入三个模具中，放入预热好 170 摄氏度的烤箱，放在烤箱中层，上下火全开，烤 20 ～ 25 分钟；

9 冷却后脱模，将有杏仁一面的朝上，涂抹一层镜面果胶，再撒上一些糖粉即可。

1. 杏仁膏（Marzipan，又称杏仁糖衣）是由杏仁核和其他核果所配成的膏状原料。杏仁膏可用于烘烤，制作杏仁饼及饼干，作为糕面及蛋糕内馅，也可用来制作小杏仁蛋糕及富有色彩的糕点装饰；
2. 镜面果胶可以买现成的，也可以直接涂抹一层果酱；
3. 樱桃酒可以省略。

全麦芝麻饼

需要用到的工具

手动打蛋器
橡皮刮刀
不锈钢打蛋盆
电子秤
面粉筛
一次性手套
锡纸

参考分量

约 15 块

材料

黄油 60 克
低筋面粉 75 克
全麦粉 15 克
糖粉 30 克
鸡蛋 10 克
黑芝麻 10 克

做法
Method

1
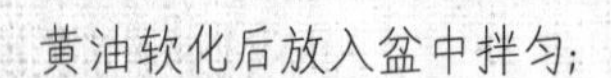
黄油软化后放入盆中拌匀;

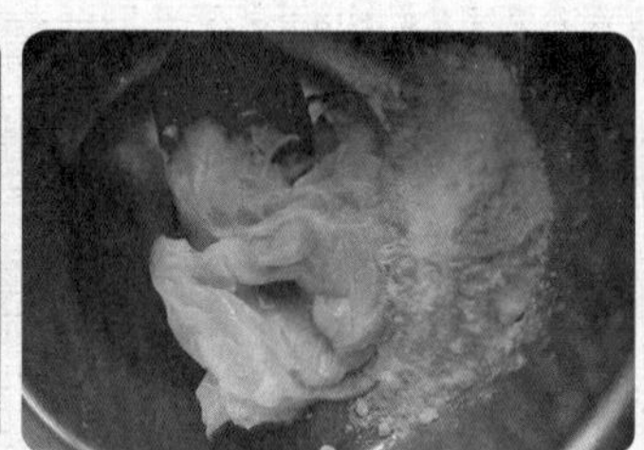

2
加入糖粉，先用刮刀拌匀，再用手动打蛋器搅拌均匀;

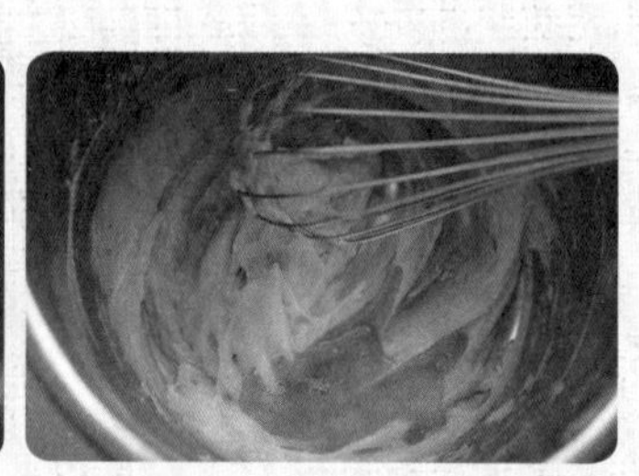

3
加入鸡蛋，顺着一个方向继续搅拌均匀;

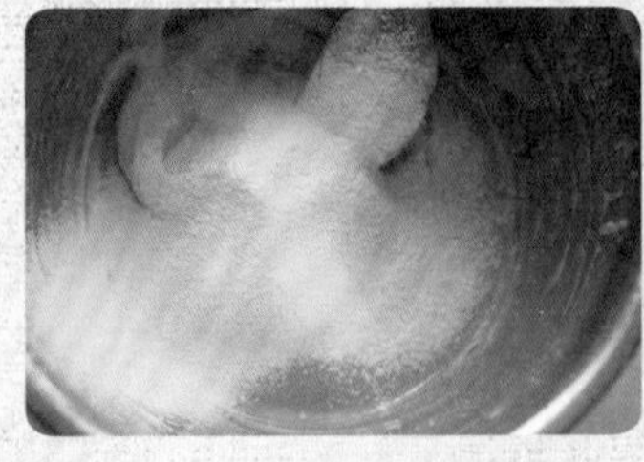

4
筛入低筋面粉，再放入全麦粉，用刮刀翻拌均匀；

5
加入黑芝麻，再次拌匀，成为均匀的面团即可；

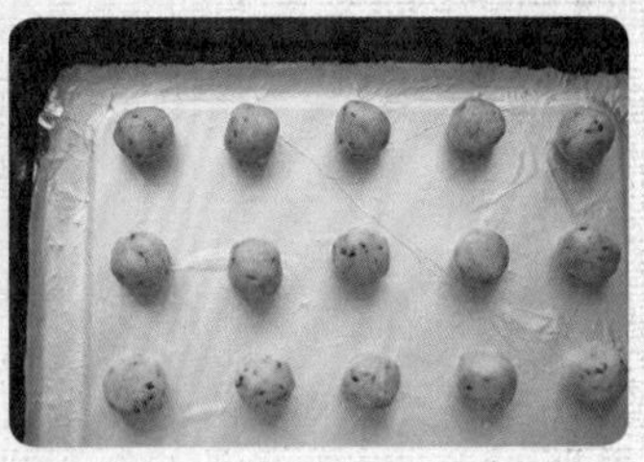

6
把面团分成每个 5～8 克的小球，在手心揉圆，然后摆入铺了锡纸的烤盘；

7
用中指和食指在表面按压出一个纹路；

8
烤箱预热 170 摄氏度，上下火全开，放在烤箱中层，大约烤 20 分钟。

1．全麦粉的口感比较粗糙，因此制作饼干或者蛋糕的时候都是少量添加，不能把面粉部分都用成全麦粉哦；
2．黑芝麻生的熟的都可以。

巧克力杏仁饼干

需要用到的工具

橡皮刮刀
不锈钢打蛋盆
电子秤
面粉筛
案板
保鲜膜
锡纸
量勺

材料

黄油 70 克
糖粉 40 克
鸡蛋 1 大勺
低筋面粉 100 克
可可粉 10 克
大杏仁片 15 克

1
黄油软化后放入盆中，用刮刀翻拌均匀；

2
然后加入糖粉，继续搅拌均匀；

3
再加入鸡蛋，搅拌到鸡蛋完全被吸收；

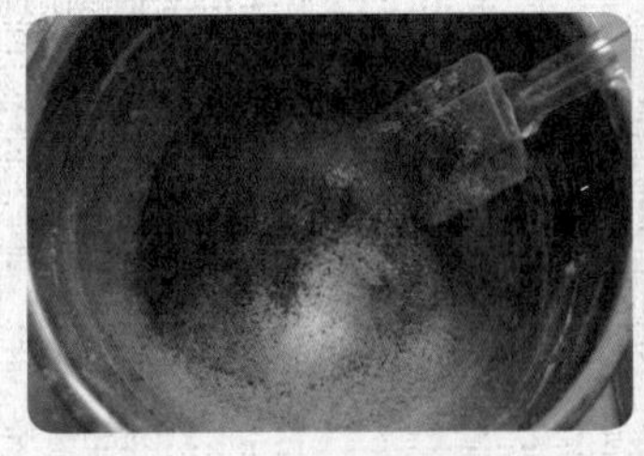

4

将低筋面粉和可可粉混合筛入上面的黄油糊中，用刮刀以由下往上的方式翻拌均匀；

5

拌到没有干粉的状态，加入大杏仁片，继续翻拌成均匀的面团；

6

将面团放在保鲜膜上，用手整形成方形或者其他形状，放入冰箱冷冻 1 小时以上至硬；

7

取出后略微恢复到室温，切成薄片，放在铺了锡纸的烤盘上；

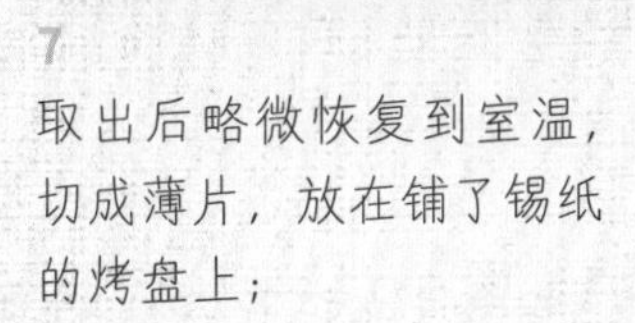

8

烤箱预热 170 摄氏度，上下火全开，放在烤箱中层，大约烤 15 分钟。

1. 这个饼干不需要打发黄油，所以全部用刮刀拌匀即可，不过一定要彻底翻拌均匀；
2. 大杏仁片也可以直接换成大杏仁。

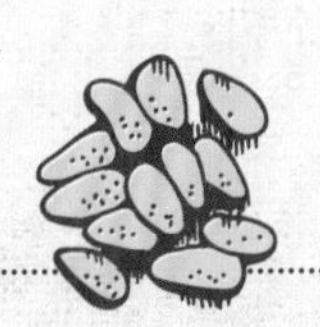

开心果纸杯蛋糕

需要用到的工具

手动打蛋器
橡皮刮刀
不锈钢打蛋盆
电子秤
面粉筛
量勺
裱花袋
纸杯蛋糕模
六连金属蛋糕模

参考分量

六连金属蛋糕模 8 个

材料

鸡蛋 2 个
细砂糖 70 克
低筋面粉 110 克
泡打粉 1/2 小勺
开心果泥 50 克
大豆油 80 克
大杏仁片适量

1 鸡蛋放入盆中；

2 加入细砂糖，用手动打蛋器搅拌均匀；

3 将低筋面粉和泡打粉混合筛入，用刮刀翻拌成无干粉的糊状；

4 加入大豆油，继续翻拌成光滑细腻的糊状；

5 加入开心果泥，再次拌匀；

6 将拌好的面糊装入裱花袋中；

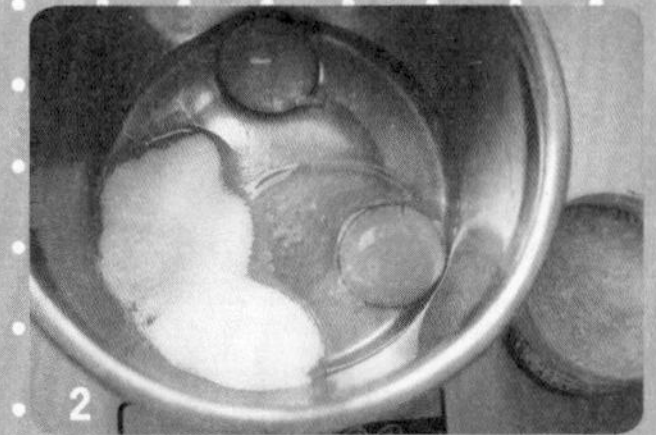

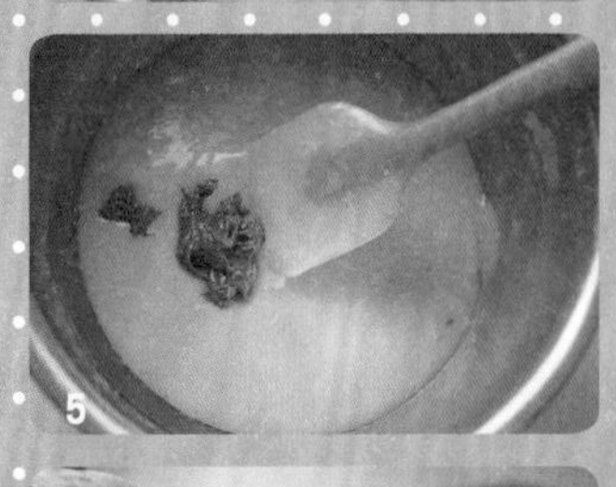

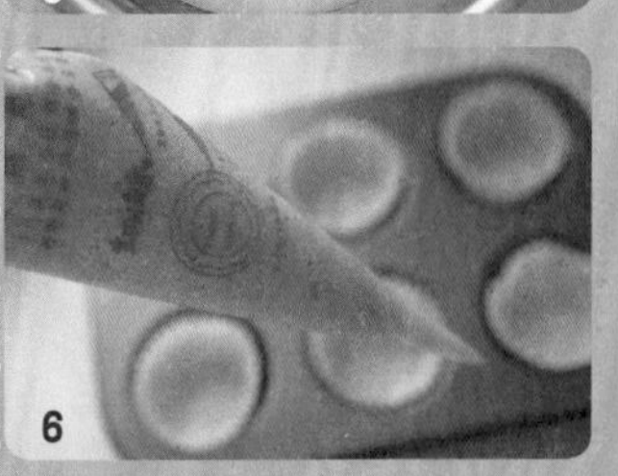

7 在金属蛋糕模具中放入纸杯蛋糕模，然后把蛋糕糊挤入七八分满即可；

8 在蛋糕表面撒一些大杏仁片；

9 烤箱预热 180 摄氏度，上下火全开，放在烤箱中层，烤 20 ～ 25 分钟，表面上色即可。

TIPS

1. 这个开心果泥和开心果饼干中所使用的是不同品牌，因此颜色不同；
2. 如果没有开心果泥，可以换成花生酱。

开心果海盐曲奇

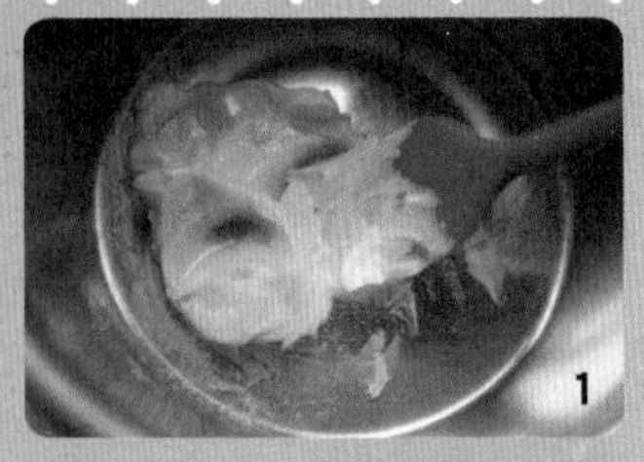

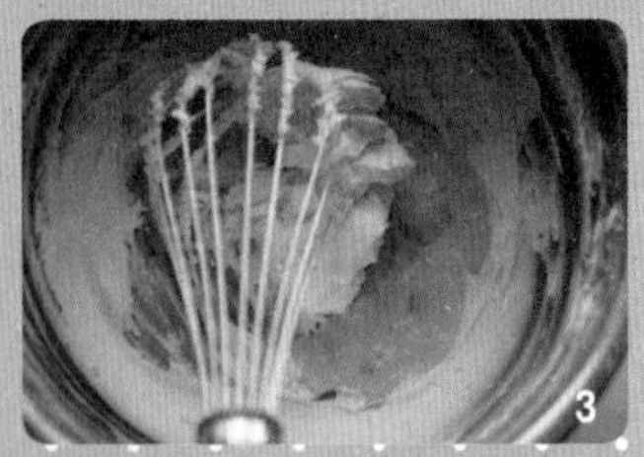

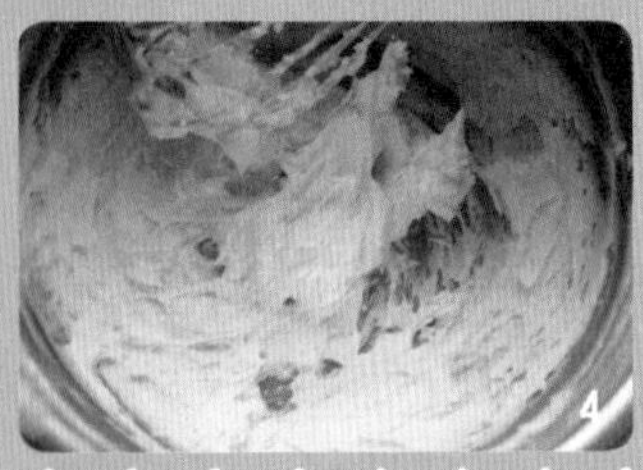

需要用到的工具

电子秤
打蛋盆
手动打蛋器
刮刀
裱花嘴
裱花袋
锡纸

材料

黄油 100 克
鸡蛋 30 克
糖粉 55 克
海盐 2 克
低筋面粉 130 克
玉米淀粉 20 克
开心果酱 20 克

参考分量

大约 45 块

1 黄油软化后放入盆中，用刮刀拌匀；

2 加入糖粉和海盐，用手动打蛋器顺着一个方向搅拌，直到颜色略微发白；

3 分两次加入鸡蛋，每次都要彻底被吸收后再加入下一次；

4 将黄油打发，提起打蛋器的头，上面的黄油会呈羽毛状；

5 加入开心果酱，再次搅拌均匀；

6 将低筋面粉和玉米淀粉混合筛入上面拌好的糊中，用刮刀翻拌均匀；

7 把拌好的面糊装入已经装好裱花嘴的裱花袋中，挤在铺了锡纸的烤盘上，每个曲奇之间留出一定的距离；烤箱预热 170 摄氏度，上下火全开，放在烤箱中层，烤 15 ~ 20 分钟。

1. 曲奇的颜色会因使用的开心果酱的颜色不同而有一定的差别，我使用的是纯天然带颗粒的开心果酱；
2. 没有海盐可以用普通食盐代替，不过海盐在烘烤的时候不易融化，所以可以吃到一点点盐的感觉，滋味比较丰富。

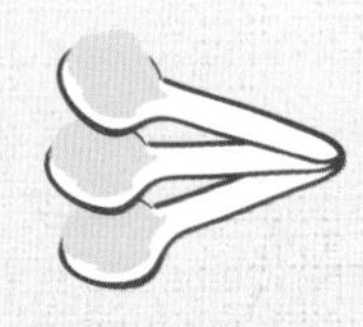

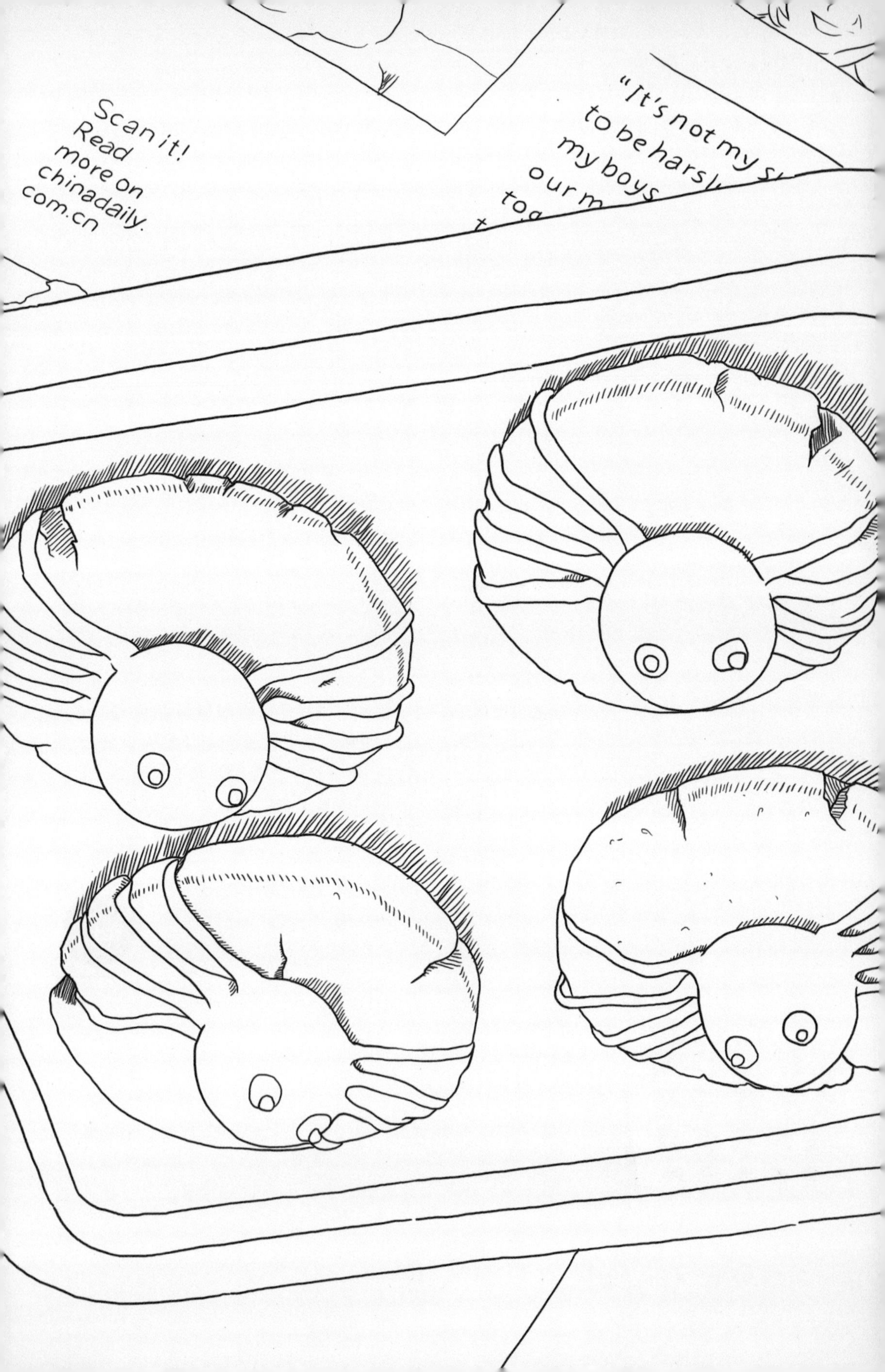
"It's not my
to be hars
my boys
our m
tog
Scan it!
Read
more on
chinadaily.
com.cn

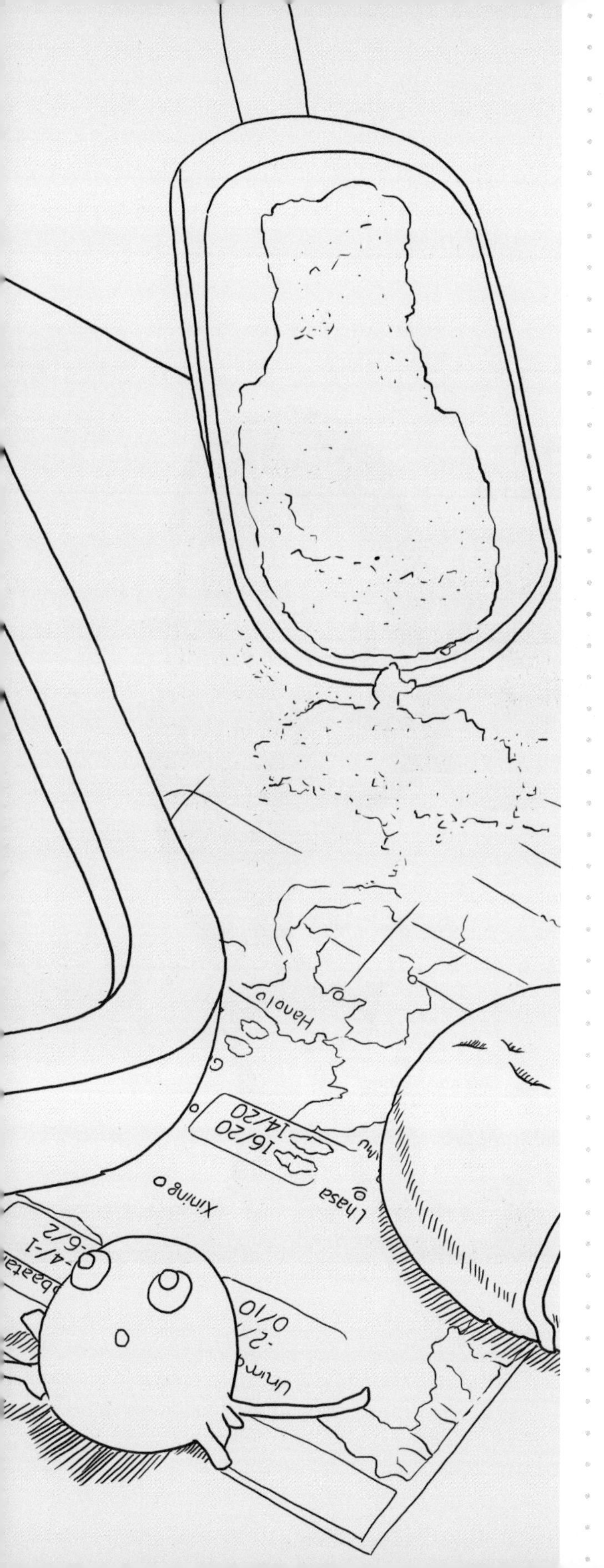

小宝宝带去幼儿园的温馨款

Chapter 4

随着孩子上幼儿园，他们的社交也变得丰富起来，爸爸妈妈们也变得很忙。陪孩子一起做手工、画画，参加幼儿园里的家长日、运动会等。小朋友也在幼儿园里认识了很多的小伙伴。

我想我会在孩子上幼儿园以后，经常做些饼干或者蛋糕让他带去幼儿园跟老师和小朋友们一起分享，除了会备受羡慕以外，我也希望这段幼儿园的时光可以让他觉得温馨而甜蜜。

哈哈妈
景观设计师
哈哈
性别：女
生日：2014 年 9 月

哈哈已经表现出想要自己做食物的强烈愿望

和哈哈妈妈的对话：

其实我一直在想这个事情，是不是应该让哈哈经常带一些点心去幼儿园和其他小朋友一起分享，会让她的朋友缘变得超级好。不过想来这些倒还是其次，主要是她现在已经表现出想要自己做食物的强烈愿望。不管我是做中餐还是西点，她都特别愿意在我旁边看着，然后也希望我能分给她一些例如蔬菜、面粉、铲子、打蛋器之类的东西。我想对于早点培养孩子的动手能力总不是坏事，她到幼儿园以后，动手能力强则一定会适应得更快吧。

让孩子一起动手，因为：

❤ 她希望自己能帮助爸爸妈妈做点什么，他们已经开始有了帮忙和协助的意识；并且当她帮助了你之后，她会觉得很受鼓舞。

❤ 进入幼儿园之前，其实很多孩子已经在上早教，妈妈们也是希望锻炼他们跟人接触与分享的能力，分享自己做的食物是分享中最让人愉快的事。

草莓甜甜圈饼干

每一个妈妈还是学生的时候，都会有一个关于甜甜圈的梦想吧。我就曾希望开一家甜甜圈店，然后自己设计每一款样式。然后整个橱窗都是缤纷的颜色，和少女的梦想。

需要用到的工具

电子秤
橡皮刮刀
手动打蛋器
打蛋盆
圆形饼干模
案板
擀面杖
裱花袋

参考分量

约 8 块

材料

黄油 50 克
糖粉 20 克
低筋面粉 105 克
鸡蛋 15 克
粉色巧克力适量
彩色糖针适量

1 黄油软化后放入盆中拌匀；

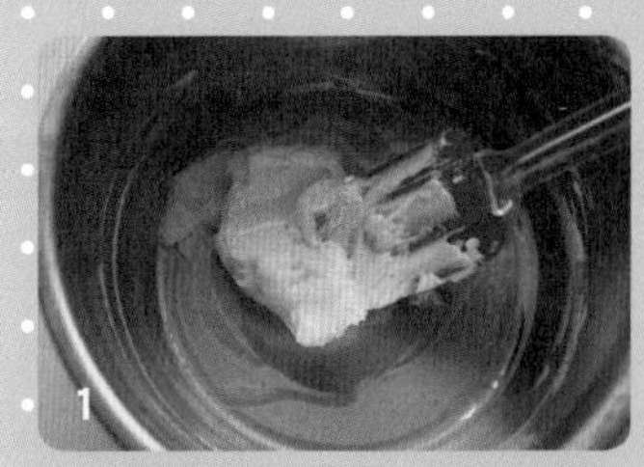

2 加入糖粉，先用刮刀拌匀，再用手动打蛋器顺着一个方向搅拌均匀；

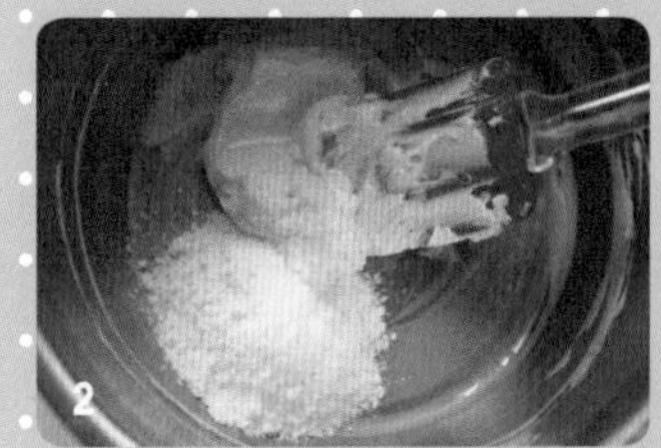

3 加入鸡蛋，继续顺着一个方向搅打到鸡蛋完全被吸收；

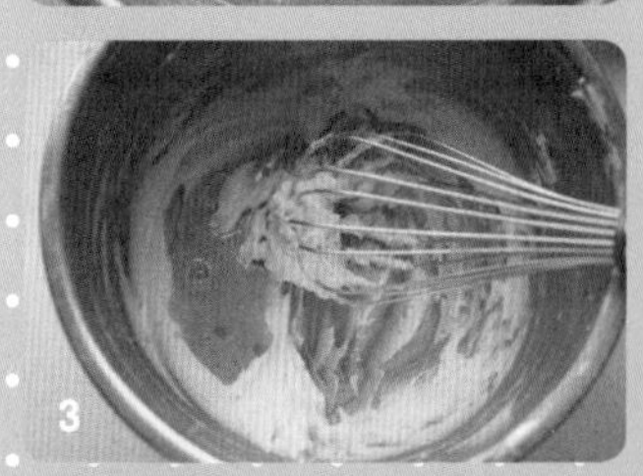

4 筛入低筋面粉，用刮刀翻拌成无干粉的面团；

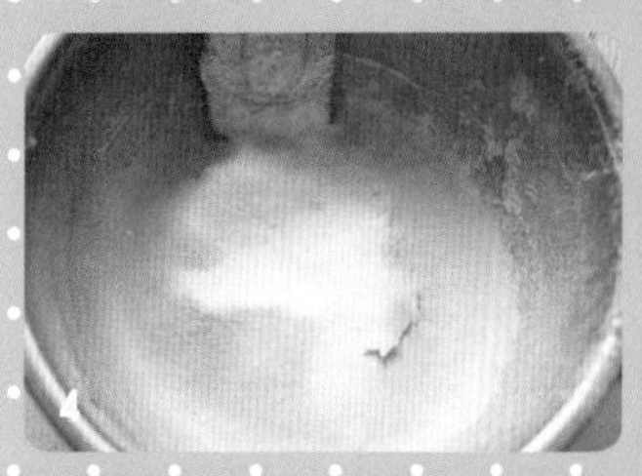

5 把面团放在案板上擀成薄片，用大号圆形饼干模切出一个大圆形，然后再用一个小号的圆形饼干模在中心切出一个小圆，就成了一个空心的圆形，摆入烤箱，烤箱预热 160 摄氏度，上下火全开，放在烤箱中层，烤 15～18分钟，表面上色即可；

6 在裱花袋里融化一些粉色的巧克力，然后涂在已经冷却的饼干表面；

7 再在上面撒一些彩色的糖针，凝固即可。

1. 装饰的方法很多，用其他颜色的巧克力也可以；
2. 直接在裱花袋里融化巧克力会比较方便使用，也可以用碗融化，再用勺子舀在表面。

炼乳飞机饼干
很多男孩子小时候都会有关于蓝天的梦想，比如说想坐上风筝或者飞机去高空中看一看。那高耸入天的云朵背后，到底有怎样的世界？我小时候也经常会抬头看天上的飞机飞过，我想他们都会去哪里呢？

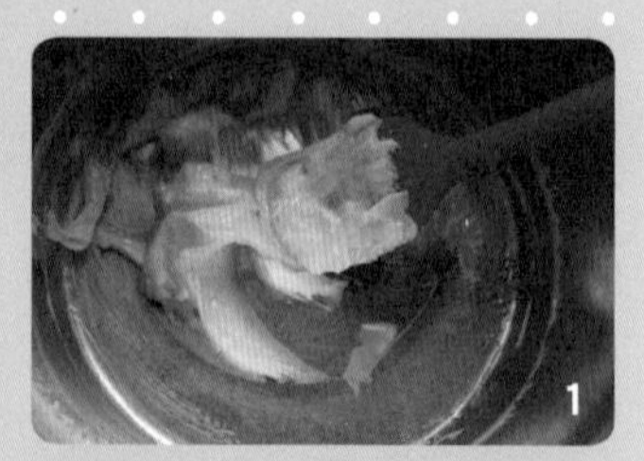

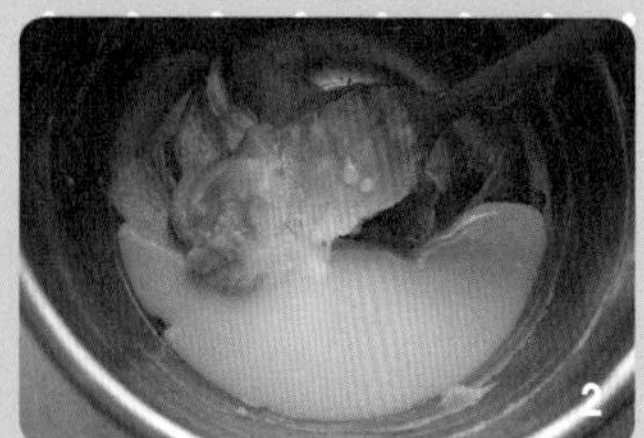

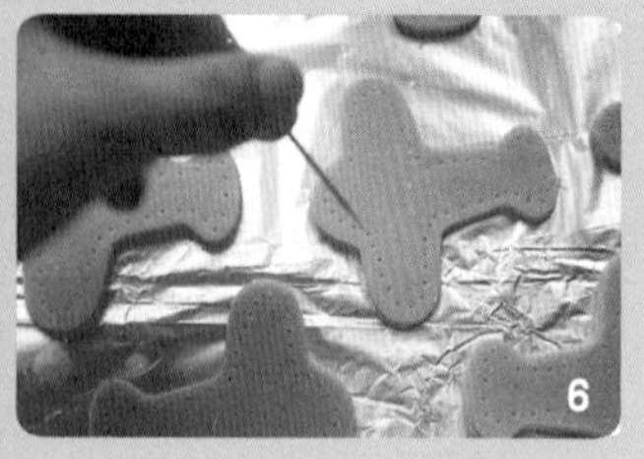

需要用到的工具

橡皮刮刀
不锈钢打蛋盆
电子秤
面粉筛
飞机饼干模
牙签
案板
擀面杖
锡纸

材料

炼乳 40 克
低筋面粉 75 克
南瓜粉 15 克
黄油 40 克

参考分量

约 10 块

1 黄油软化后放入盆中，用刮刀拌匀；

2 加入炼乳，搅拌均匀；

3 把低筋面粉和南瓜粉混合筛入，用手抓揉成均匀的面团；

4 把面团放在案板上擀成薄片；

5 用飞机饼干模切割，摆入铺了锡纸的烤盘；

6 用牙签在饼干四周扎出小孔；烤箱预热 170 摄氏度，上下火全开，放在烤箱中层，大约烤 20 分钟。

孩子适合参与的部分

- 没有哪个小朋友是不喜欢和妈妈一起做可爱的卡通饼干的。让他自己刻出一架架小飞机吧；
- 用牙签在饼干表面扎一些小孔，当然你可以让他按他自己的想法去扎，因为这个真的只是装饰而已。

效果

1 用手去抓揉面团，有什么能比这更亲近地接触食物了；

2 如果孩子想要给这个小飞机涂上颜色，那就让他试试用巧克力吧，想象力永远都不嫌多。

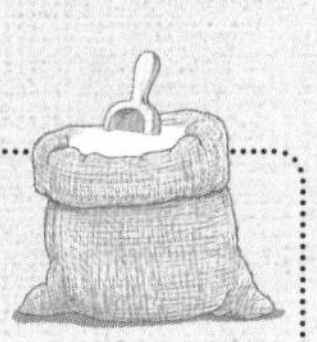

1. 如果做原味的，就用等量面粉代替南瓜粉；
2. 这款饼干奶香味十足，小朋友很喜欢吃。

绵密的兔子蛋糕

无论是我们，还是我们的宝宝，伴随童年生活最深刻的动物形象，一定会有兔子。现在，我还会给孩子唱《小兔子乖乖》的歌。小孩子都会喜欢兔子的吧。

需要用到的工具

打蛋盆
手动打蛋器
橡皮刮刀
电子秤
量勺
面粉筛
兔子蛋糕模

参考分量

图中模具 2 个

材料

黄油 60 克
鸡蛋 2 个
淡奶油 65 克
低筋面粉 80 克
细砂糖 90 克
泡打粉 1/2 小勺

1 黄油软化后放入盆中，用刮刀拌匀；

2 加入细砂糖，先用刮刀拌匀；

3 再用手动打蛋器顺着一个方向搅拌均匀，直到细砂糖渐渐融化；

4 分 8 次加入鸡蛋，顺着一个方向搅打，每次都要彻底搅拌均匀后再加入下一次；

5 将低筋面粉和泡打粉混合均匀，然后筛入一半进去，用刮刀翻拌均匀；

6 加入淡奶油，用刮刀翻拌均匀；

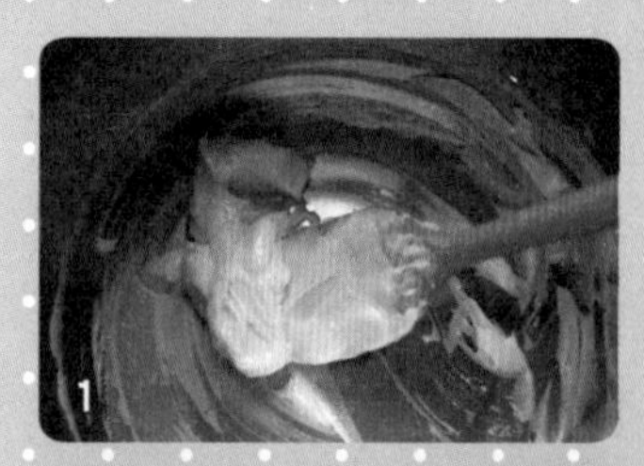

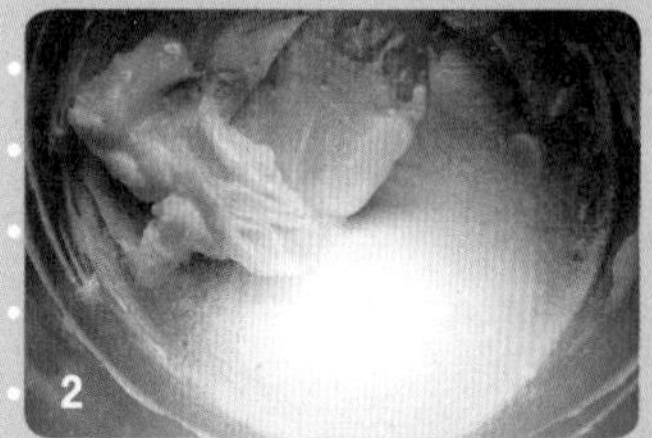

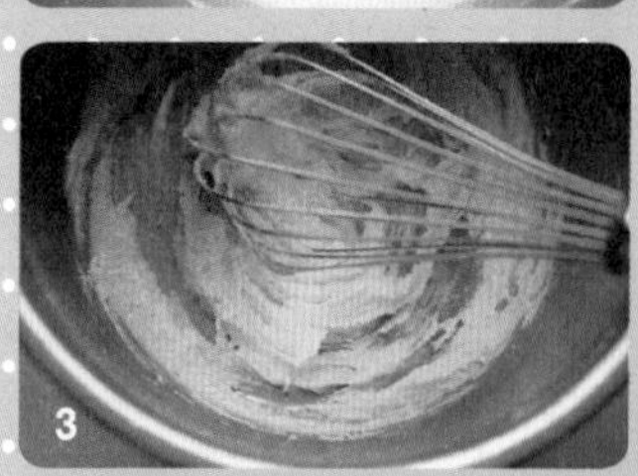

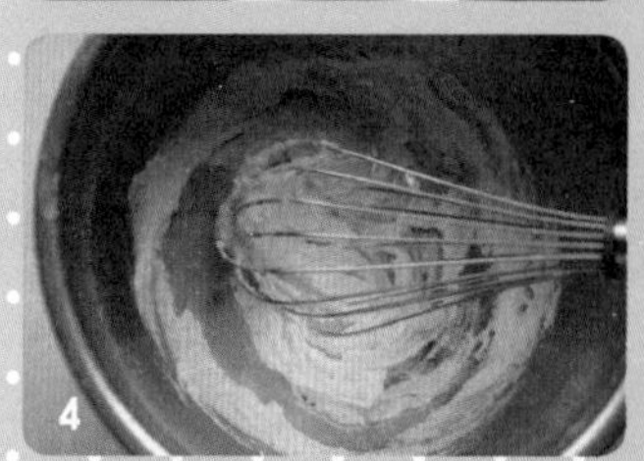

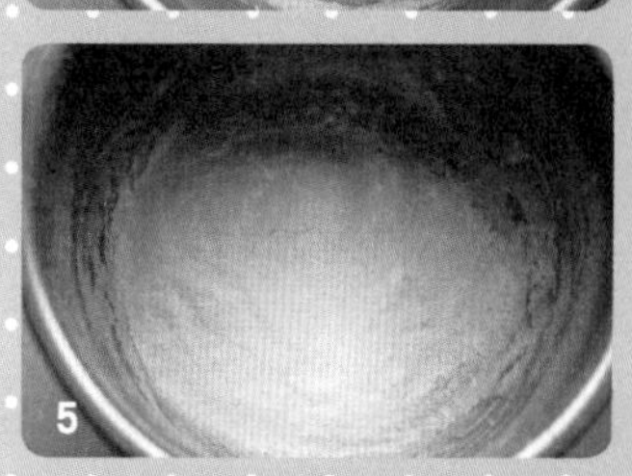

7 再筛入剩余的一半面粉，继续用刮刀翻拌均匀；

8 把拌好的面糊倒入模具中；烤箱预热170摄氏度，上下火全开，放入烤箱中层，大约烤20～25分钟，表面金黄即可。

1. 淡奶油可以用椰浆代替，做成椰子口味的蛋糕，也可以代替一半；
2. 也可以用纸杯来做。

抹茶大理石饼干

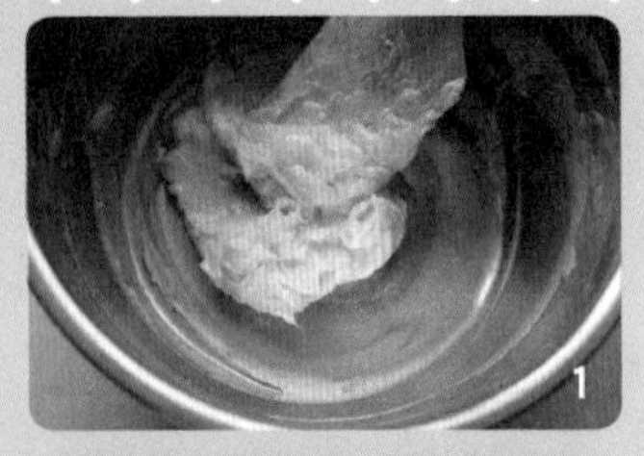

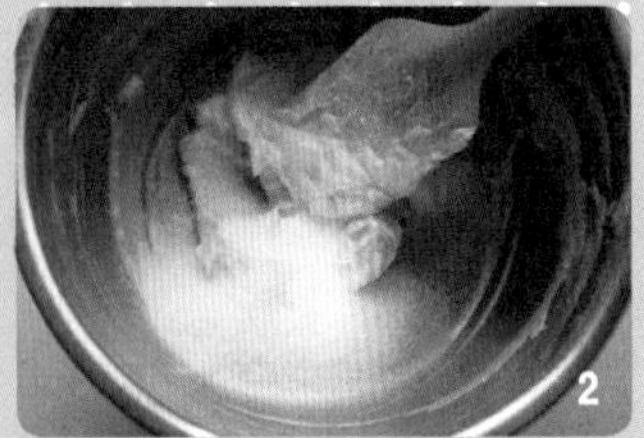

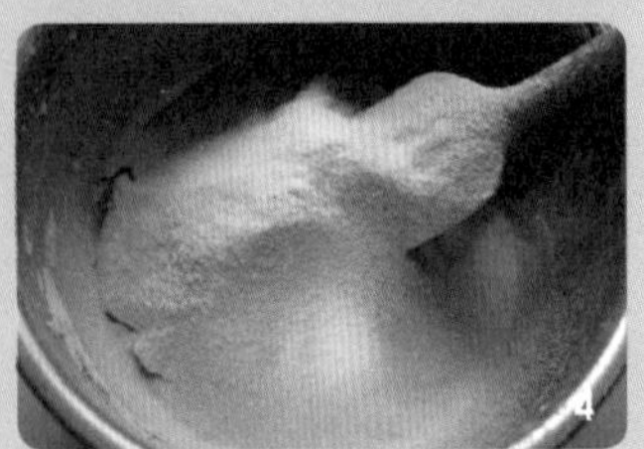

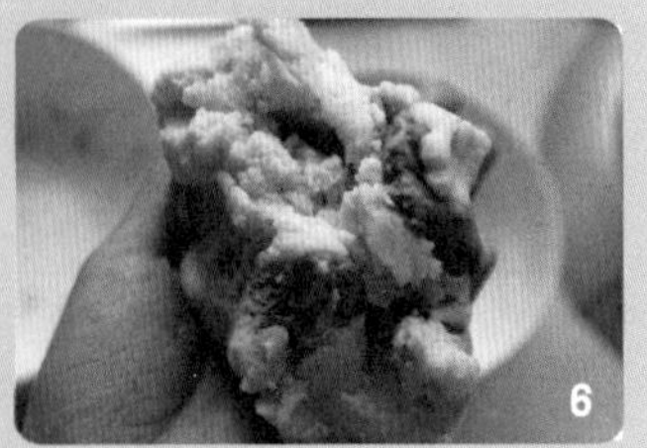

需要用到的工具

打蛋盆
手动打蛋器
橡皮刮刀
电子秤
量勺
面粉筛
饼干整形器
保鲜膜
锡纸

材料

黄油 70 克
低筋面粉 125 克
糖粉 40 克
牛奶 20 克
抹茶粉 1/2 大勺

参考分量

约 60 块

1 黄油软化后放入盆中拌匀；

2 加入糖粉，先用刮刀拌匀，再用手动打蛋器搅打均匀；

3 分两次加入牛奶，继续顺着一个方向搅拌均匀；

4 筛入低筋面粉，用刮刀翻拌成均匀的面团；

5 把面团分成两份，给其中一份加入抹茶粉，抓揉均匀；

6 把原味面团和抹茶面团用手揉搓到一起，抓揉几下就可以，不要揉搓得过多，以免完全混合到一起；

7 用保鲜膜包好，揉成细长条；

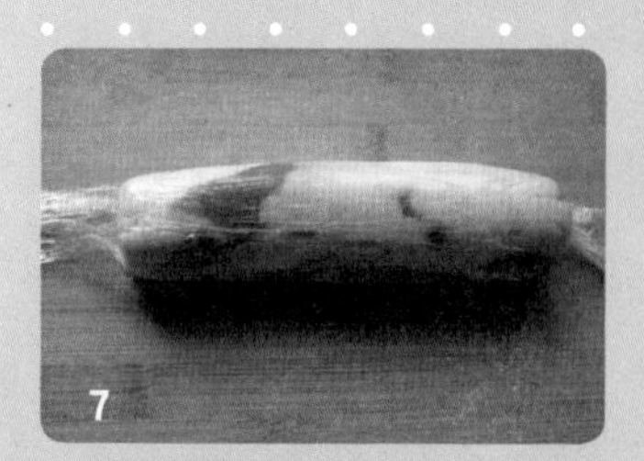

8 再放入饼干整形器中，整形成方形；

9 放入冰箱冷冻一小时以上至硬，取出后略微恢复至室温，切成薄片；

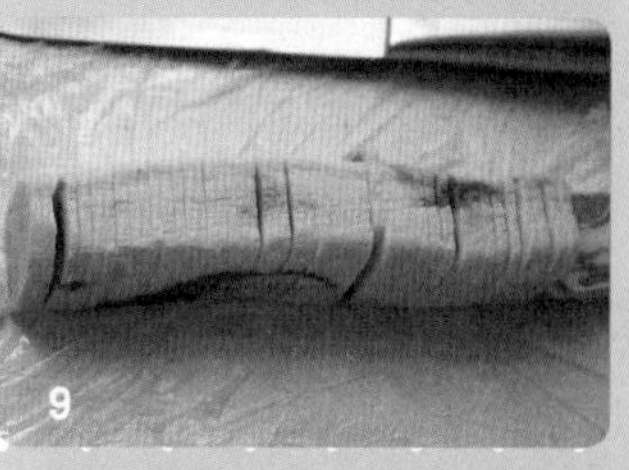

10 摆入铺了锡纸的烤盘，烤箱预热 170 摄氏度，上下火全开，放在烤箱中层，大约烤 15 分钟。

1. 抹茶粉可以换成可可粉；
2. 牛奶可以换成鸡蛋。

奶香小花饼干

需要用到的工具

打蛋盆
手动打蛋器
橡皮刮刀
电子秤
面粉筛
案板
擀面杖
锡纸
圆形饼干模

参考分量

约 15 块

材料

黄油 55 克
糖粉 25 克
低筋面粉 100 克
奶粉 10 克
牛奶 15 克
耐高温糖花适量

做法 Method

1 黄油软化后放入盆中拌匀；

2 加入糖粉，用手动打蛋器搅拌均匀；

3 加入牛奶，继续顺着一个方向用手动打蛋器搅拌均匀，到完全被吸收；

4 将低筋面粉和奶粉混合筛入，用刮刀翻拌均匀；

5 把拌好的面团放在案板上，擀成薄片，然后用圆形饼干模切割；

6 把切好的饼干摆入铺了锡纸的烤盘，然后在每一块饼干上面放上几个糖花；烤箱预热 160 摄氏度，上下火全开，放在烤箱中层，烤 15 ~ 18 分钟，表面上色即可。

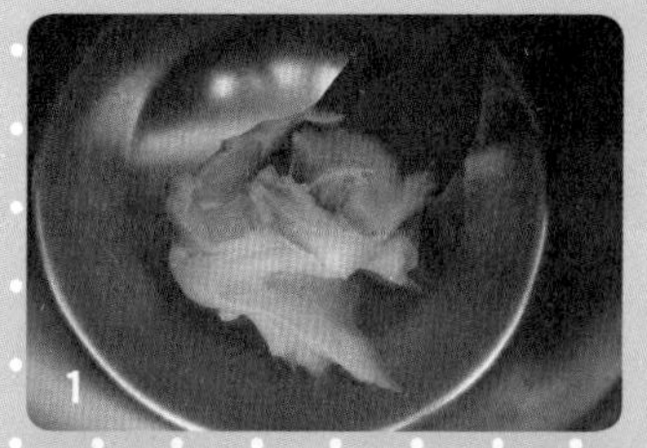

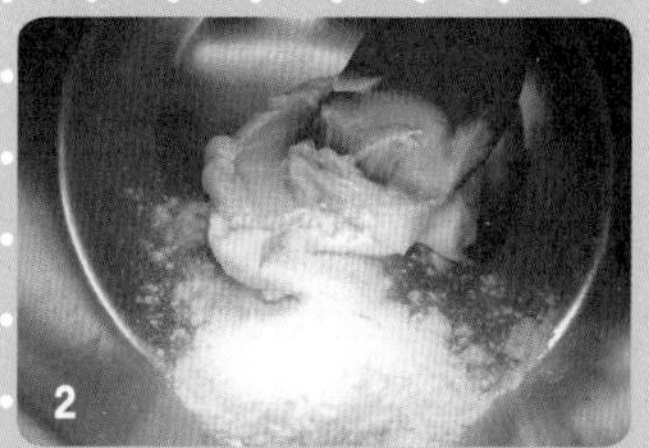

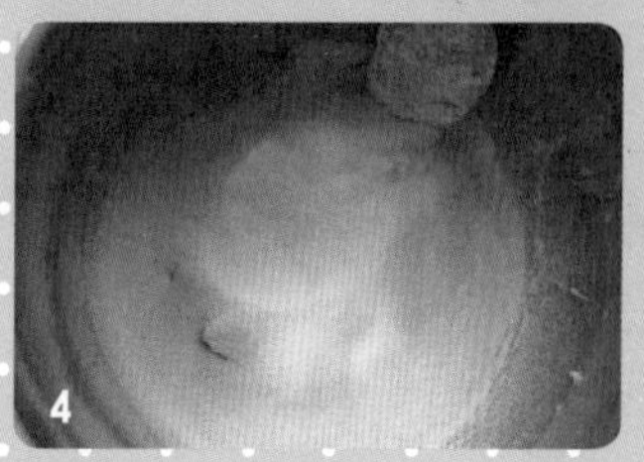

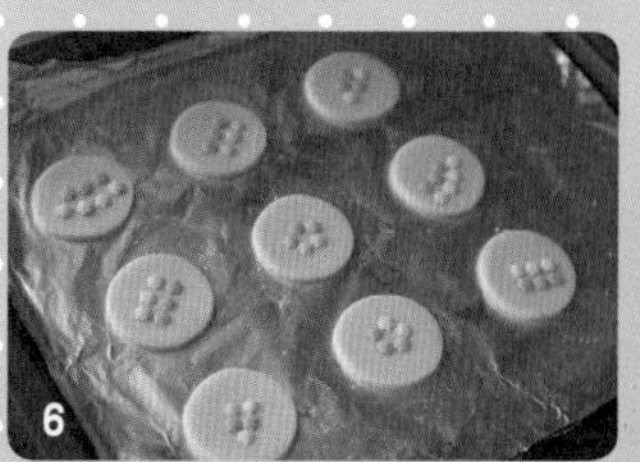

1. 这个饼干上面的花朵是糖制品，并且是耐高温的，所以烘烤之后不会融化；
2. 糖花也可以用耐高温巧克力豆代替。

四色饼干

这是一款全部用天然颜色做出来的彩色饼干。我觉得有点像魔方，这也是属于妈妈的童心，希望可以让孩子的视觉和味觉都能得到享受。

需要用到的工具

打蛋盆
手动打蛋器
橡皮刮刀
电子秤
面粉筛
量勺
案板
擀面杖
方形饼干模

材料

黄油 100 克
糖粉 60 克
鸡蛋 30 克
低筋面粉 175 克
南瓜粉 1 小勺
可可粉 1 小勺
草莓粉 1 小勺
菠菜粉 1 小勺

1 黄油软化后放入盆中拌匀；

2 加入糖粉，先用刮刀拌匀，再用手动打蛋器搅拌均匀；

3 分两次加入鸡蛋，每次都要搅拌均匀；

4 筛入低筋面粉，用刮刀翻拌成均匀的面团；

5 把面团分成四份，分别加入南瓜粉、可可粉、草莓粉和菠菜粉，并用手抓揉均匀即可；

6 把每一种颜色的面团擀成薄片，用小号的方形饼干模切割；

7 然后分别摆入烤盘，把四种颜色拼贴在一起；烤箱预热155摄氏度，上下火全开，放在烤箱中层，烤18～20分钟。

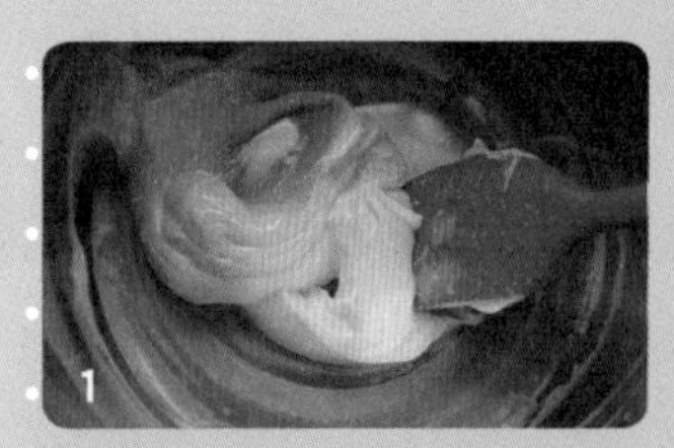

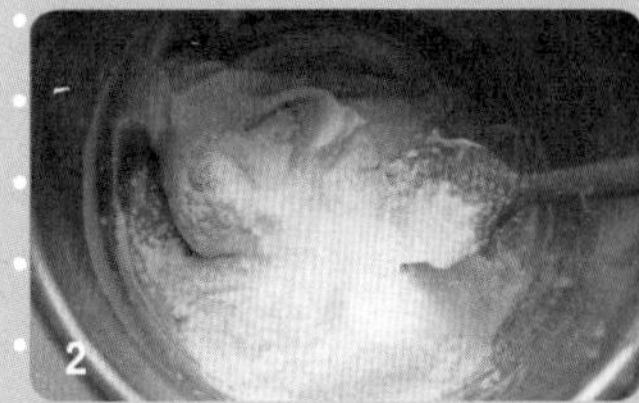

1．这些彩色的果蔬粉都可以在淘宝买到；
2．面团暂时不用的时候要盖着保鲜膜，以免被风干。

小红帽饼干

小红帽的故事，应该是年轻妈妈们小时候最常听的故事了。一代人总会有一些经典的卡通形象在我们的心里。我也希望让我的孩子看看妈妈喜欢的卡通是哪些。

需要用到的工具

打蛋盆
手动打蛋器
橡皮刮刀
电子秤
量勺
面粉筛
A4 纸
笔
剪刀
裱花袋
案板
擀面杖
刻刀

材料

黄油 80 克
糖粉 60 克
蛋白 23 克
低筋面粉 150 克
草莓粉 1 大勺
可可粉 1 小勺
黑巧克力适量

1. 也可以在网上找自己喜欢的娃娃图案，做法是一样的；
2. 蛋白会让饼干的韧性更好，也可以换成全蛋；
3. 和小朋友一起做的话，可以使用塑料刻刀。

做法 Method

1 先把图案画在纸上，然后把各个部分（轮廓、脸、头发、胳膊、腿、提篮）剪下来备用；

2 黄油软化后放入盆中，用刮刀拌匀；

3 加入糖粉，先用刮刀拌匀，再用手动打蛋器搅打均匀；

4 分两次加入蛋白，每次都要搅拌到完全被吸收；

5 筛入低筋面粉，用刮刀翻拌成无干粉的面团；

6 把面团分成如图的三份；

1

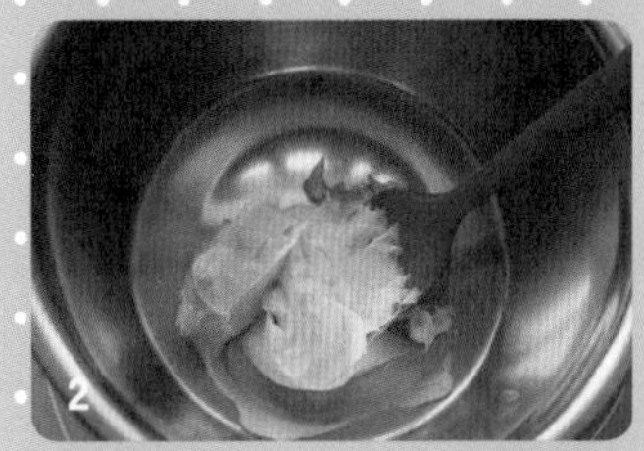
2

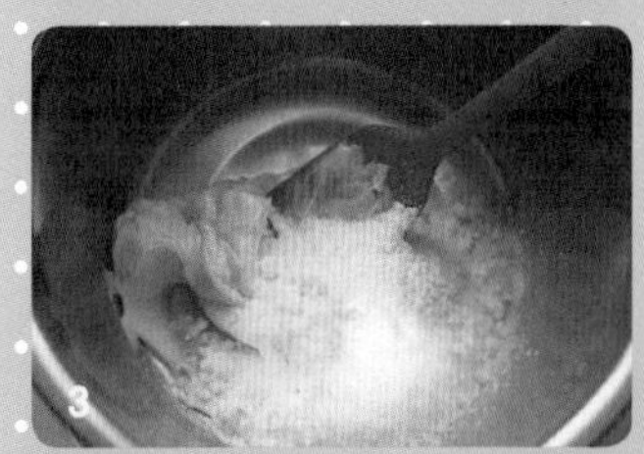
3

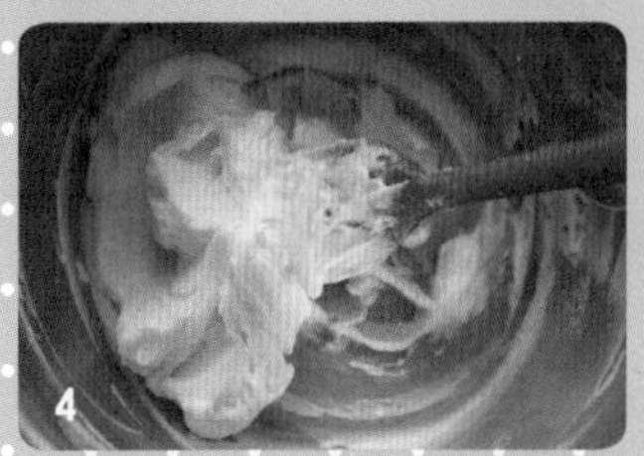
4

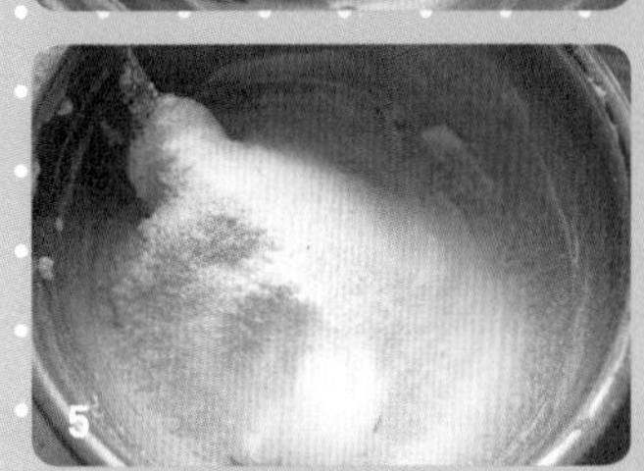
5

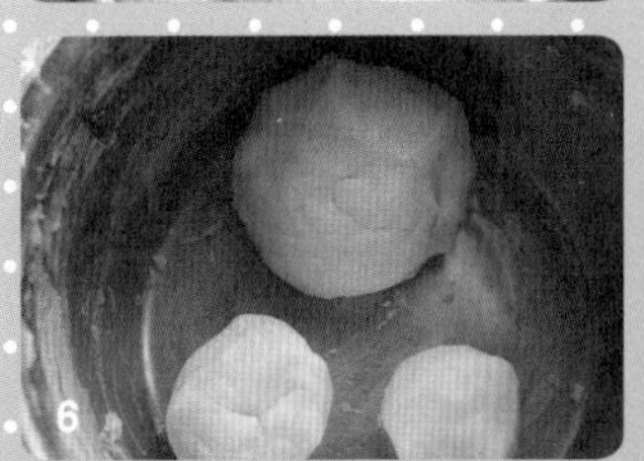
6

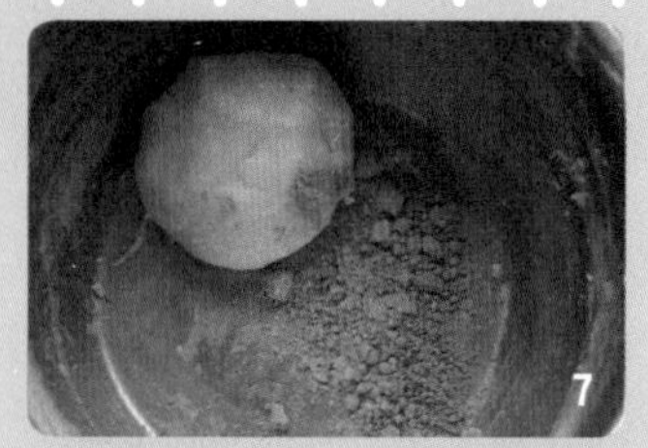

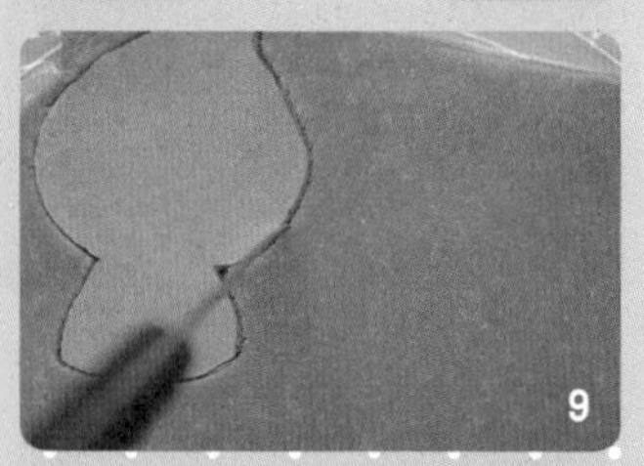

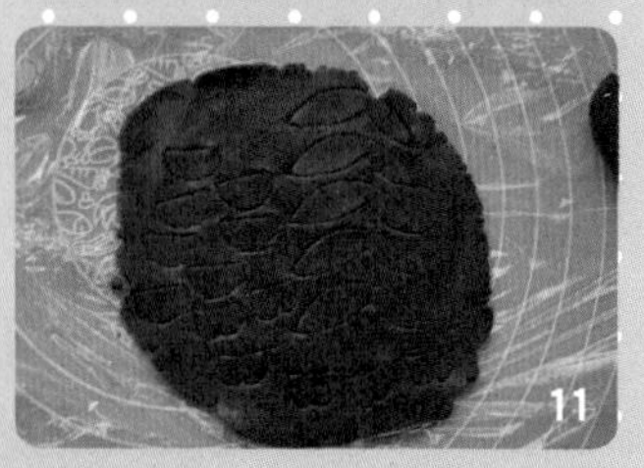

7 在最大的面团中加入草莓粉，用手抓揉均匀；

8 在最小的面团中加入可可粉，用手抓揉成均匀的面团；

9 把草莓面团放在案板上擀成薄片，把轮廓纸模放在上面，用小刀刻出小红帽的整个轮廓部分，摆在烤盘上；

10 再把原味面团擀成薄片，把脸部纸模放在上面，用小刀刻出，然后摆放在轮廓上的合适位置；然后再把胳膊纸模放在擀成薄片的原味面团上面，用小刀刻出后放在合适的位置；

11 把可可面团擀成薄片，把头发纸模放在上面，刻出来后放在合适的位置；然后再用腿和篮子的纸模放在可可面团上，刻出相应的图案，放在合适的位置；

12 全部组合好以后，就可以送入预热好165摄氏度的烤箱，放在中层，上下火全开，烤大约20分钟；饼干冷却之后，在裱花袋中隔热水融化一些黑巧克力，在小红帽的脸上画出眼睛、鼻子和嘴巴，这样饼干就做好了。

蜘蛛饼干

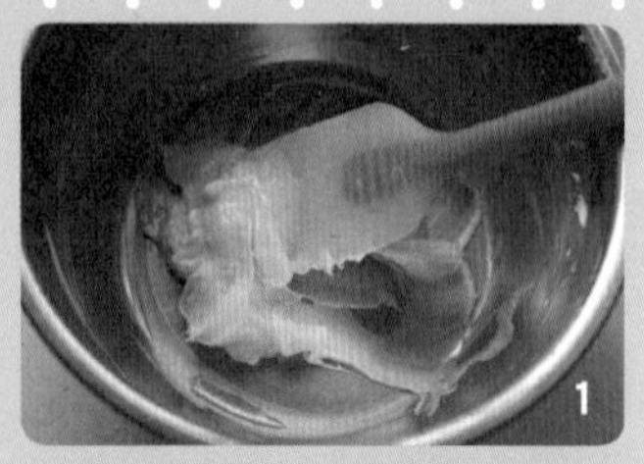

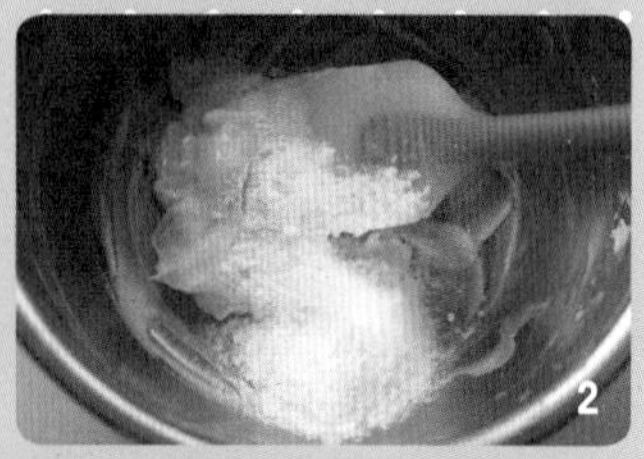

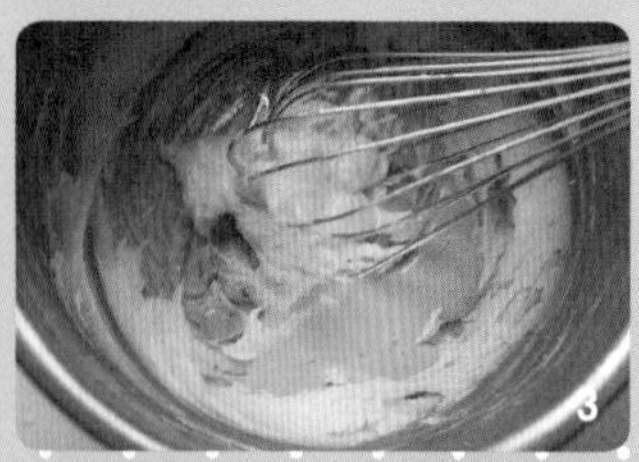

需要用到的工具

打蛋盆
手动打蛋器
橡皮刮刀
电子秤
面粉筛
裱花袋

参考分量

约 16 块

材料

饼干部分：
黄油 60 克
糖粉 35 克
鸡蛋 10 克
花生酱 50 克
低筋面粉 115 克

装饰部分：
黑巧克力适量
白巧克力适量
麦丽素适量

1 首先制作饼干：黄油软化后放入盆中拌匀；

2 加入糖粉，先用刮刀拌匀，再用手动打蛋器搅打均匀；

3 加入鸡蛋，搅拌均匀；

4 加入花生酱，搅打均匀；

5 筛入低筋面粉，用刮刀拌均匀；

6 把面团分成 15 克一个的小球，在手心揉圆然后按扁，摆入烤盘；

7 取一个麦丽素，在饼干中心压一个小坑；烤箱预热 160 摄氏度，上下火全开，放在烤箱中层，烤 15～17 分钟；

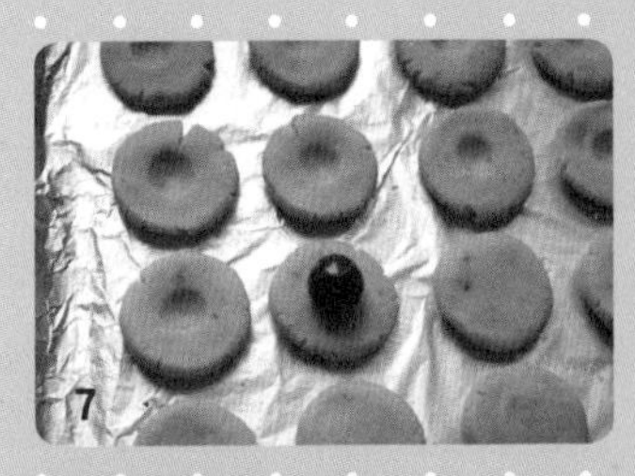

8 饼干烤好之后冷却，然后融化一些黑巧克力装入裱花袋，挤在饼干小坑里，然后上面放一颗麦丽素；

9 然后继续用黑巧克力在麦丽素的两侧对称位置一边各画出 4 条腿；再用白色的巧克力在麦丽素上画出眼睛，再用黑巧克力点上眼珠即可。

1. 花生酱也可以用纯的榛子酱、开心果酱代替；
2. 裱花袋外面再套一个不剪口的裱花袋，然后放在温水盆中给巧克力保温，就不会容易凝固了。

小伞饼干

需要用到的工具

打蛋盆
橡皮刮刀
电子秤
量勺
案板
擀面杖
小伞饼干模
面粉筛
裱花袋

参考分量

约 15 块

材料

黄油 50 克
糖粉 25 克
鸡蛋 15 克
低筋面粉 120 克
紫薯粉 1 小勺
黑巧克力适量

1 黄油软化后放入盆中拌匀；

2 加入糖粉，搅打均匀；

3 分两次加入鸡蛋，搅打均匀；

4 筛入低筋面粉，用刮刀拌匀；

5 把拌匀的面团分成一大一小两半；

6 把大的那个放入碗中，加入一小勺紫薯粉，用手抓揉均匀；

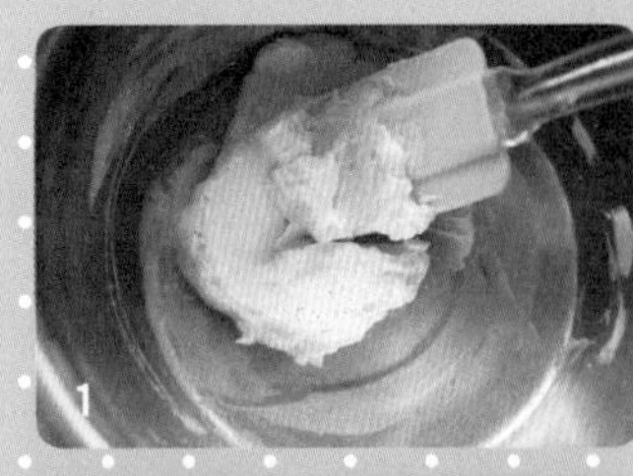

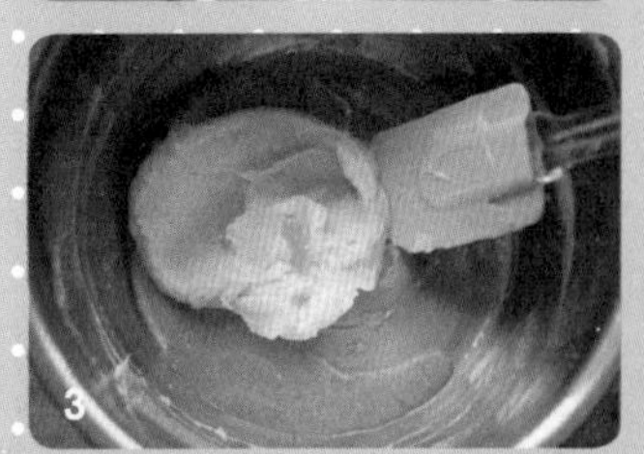

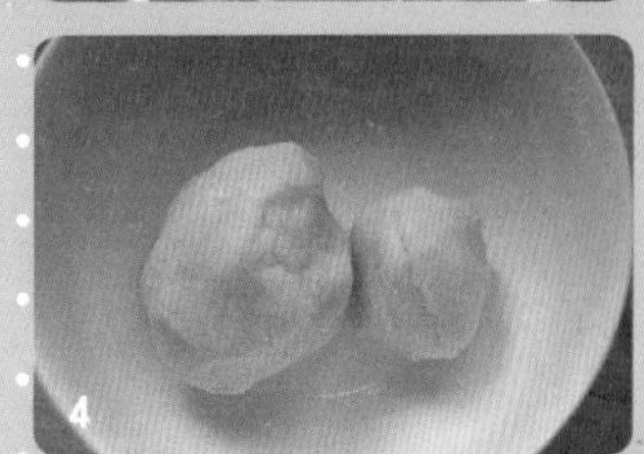

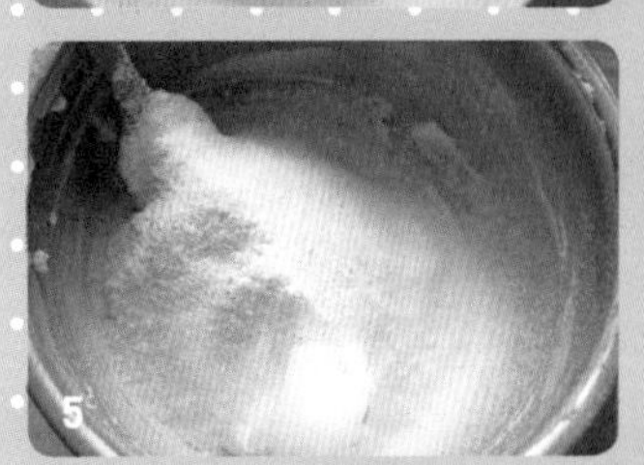

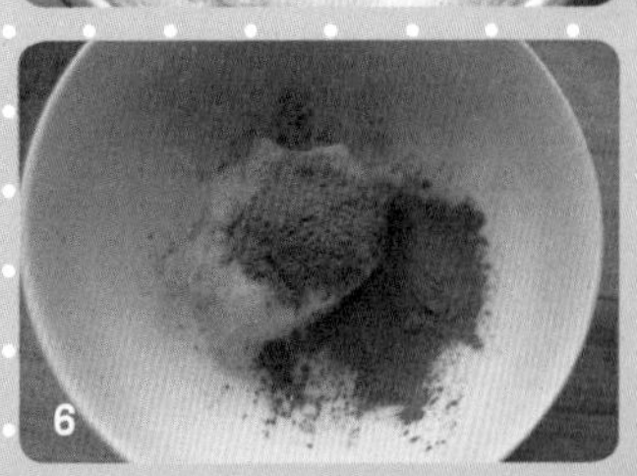

1. 紫薯粉可以换成其他果蔬粉；
2. 饼干要彻底冷却以后再涂画巧克力。

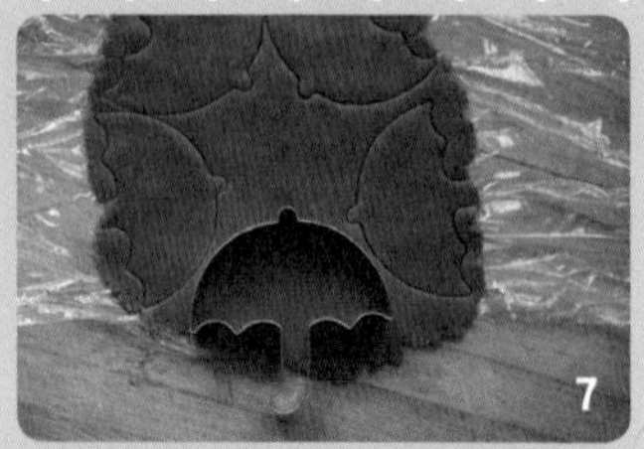

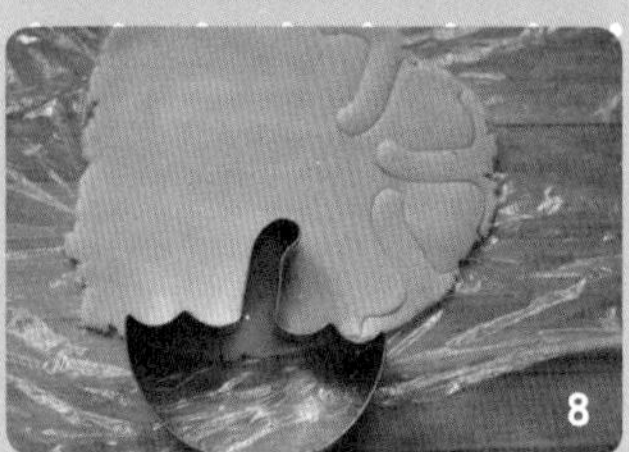

7 然后把紫薯色面团放在案板上擀成薄片，用小伞饼干模切割出伞部分，切去多余的部分，摆入烤盘；

8 然后把小的白色面团擀成薄片，用小伞饼干模切割出伞把的部分；

9 切去多余的部分，放在伞下面，按压紧实；

10 烤箱预热 170 摄氏度，上下火全开，放在烤箱中层，大约烤 15 分钟；饼干冷却后，在裱花袋里融化一些黑巧克力，在伞上画出纹路即可。

小女孩饼干

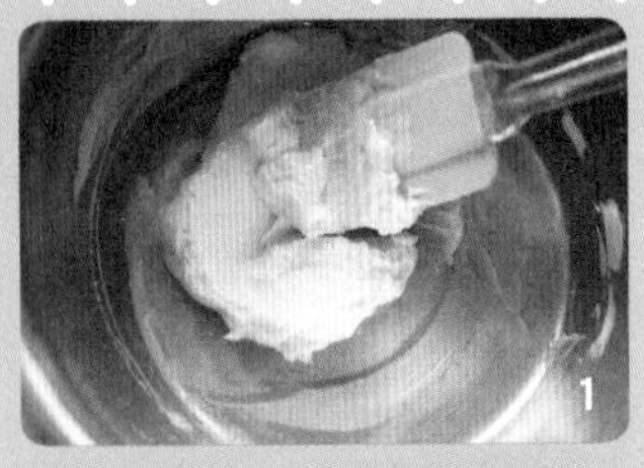
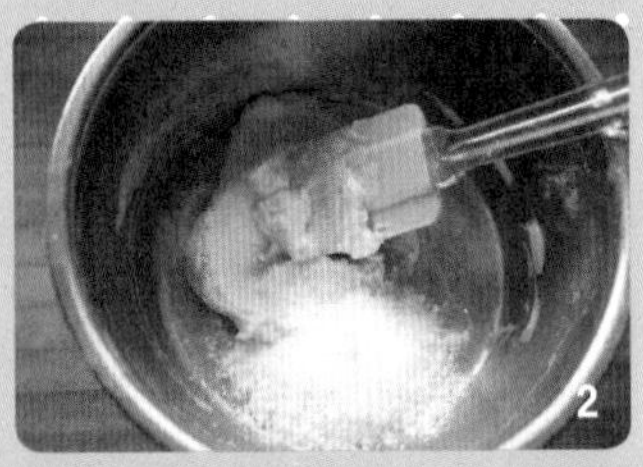
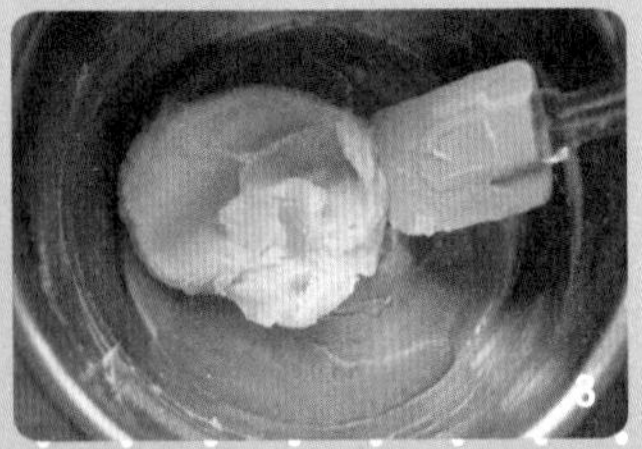

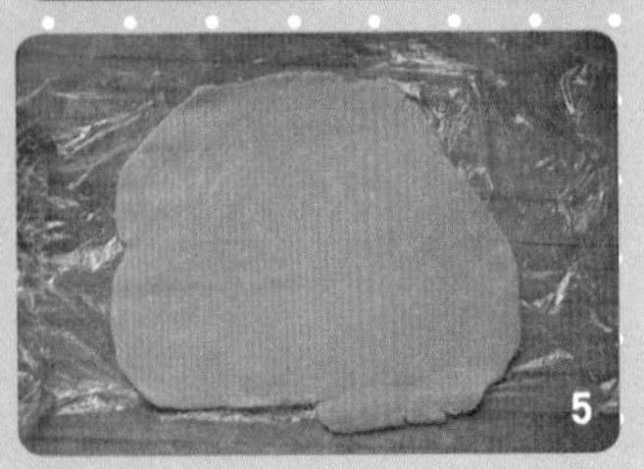

需要用到的工具

打蛋盆
橡皮刮刀
电子秤
面粉筛
保鲜膜
案板
擀面杖
图形饼干模
羊毛刷
小女孩图案糖粉筛

材料

黄油 80 克
糖粉 55 克
鸡蛋 25 克
低筋面粉 160 克
紫薯粉适量

参考分量

约 20 块

1 黄油软化后放入盆中，用刮刀拌匀；

2 加入糖粉，搅打均匀；

3 分两次加入鸡蛋，每次都要搅打均匀；

4 筛入低筋面粉，用刮刀翻拌成均匀的面团；

5 把面团放在铺了保鲜膜的案板上，上面盖着一层保鲜膜擀成薄片；

6 用圆形的饼干模切割；

7 再用小女孩图案的糖粉筛放在圆形饼干上面，在镂空的图案上撒一些紫薯粉；

8 用小刷子把紫薯粉在表面刷均匀，使图案部分的镂空处都有紫薯粉，把多余的紫薯粉扫到糖粉筛的空白处，轻轻揭去糖粉筛，图案就做好了；

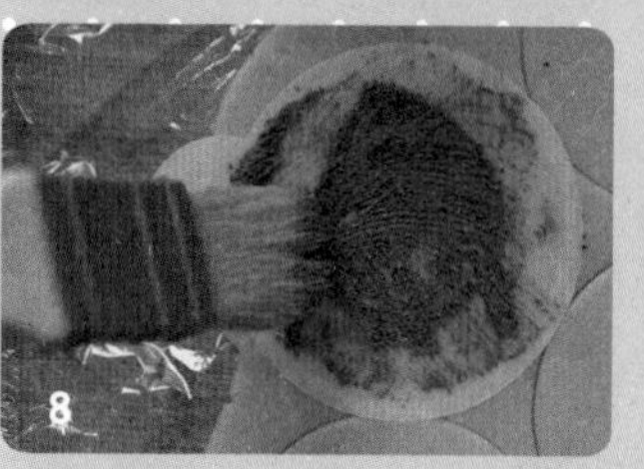

9 去掉多余的面团，拉起下面的保鲜膜，把饼干拿起来放在烤盘上；烤箱预热170摄氏度，上下火全开，放在烤箱中层，大约烤15分钟。

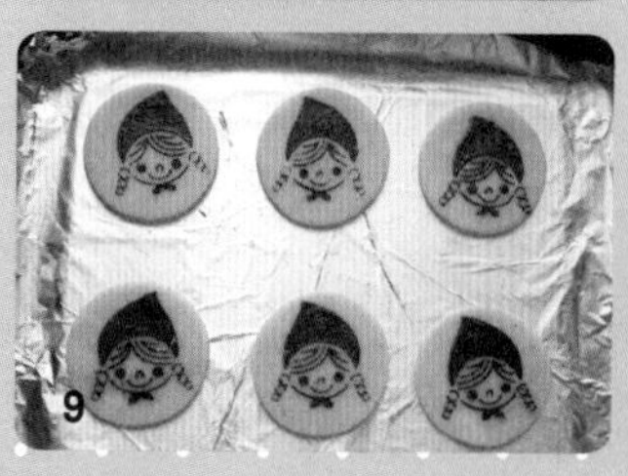

1. 紫薯粉可以换成抹茶粉、可可粉等有颜色的粉类；
2. 模具在淘宝上可以买到。

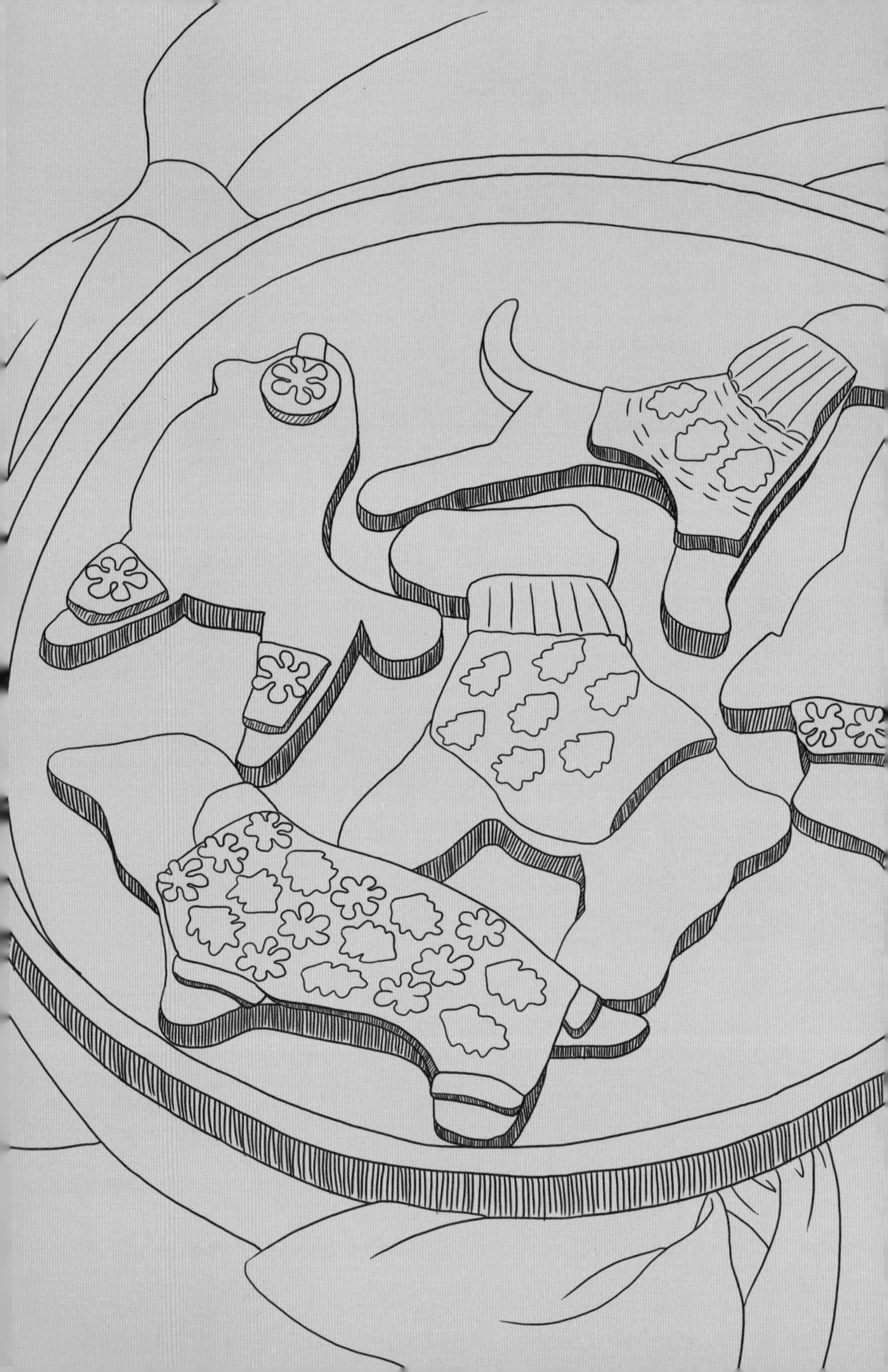

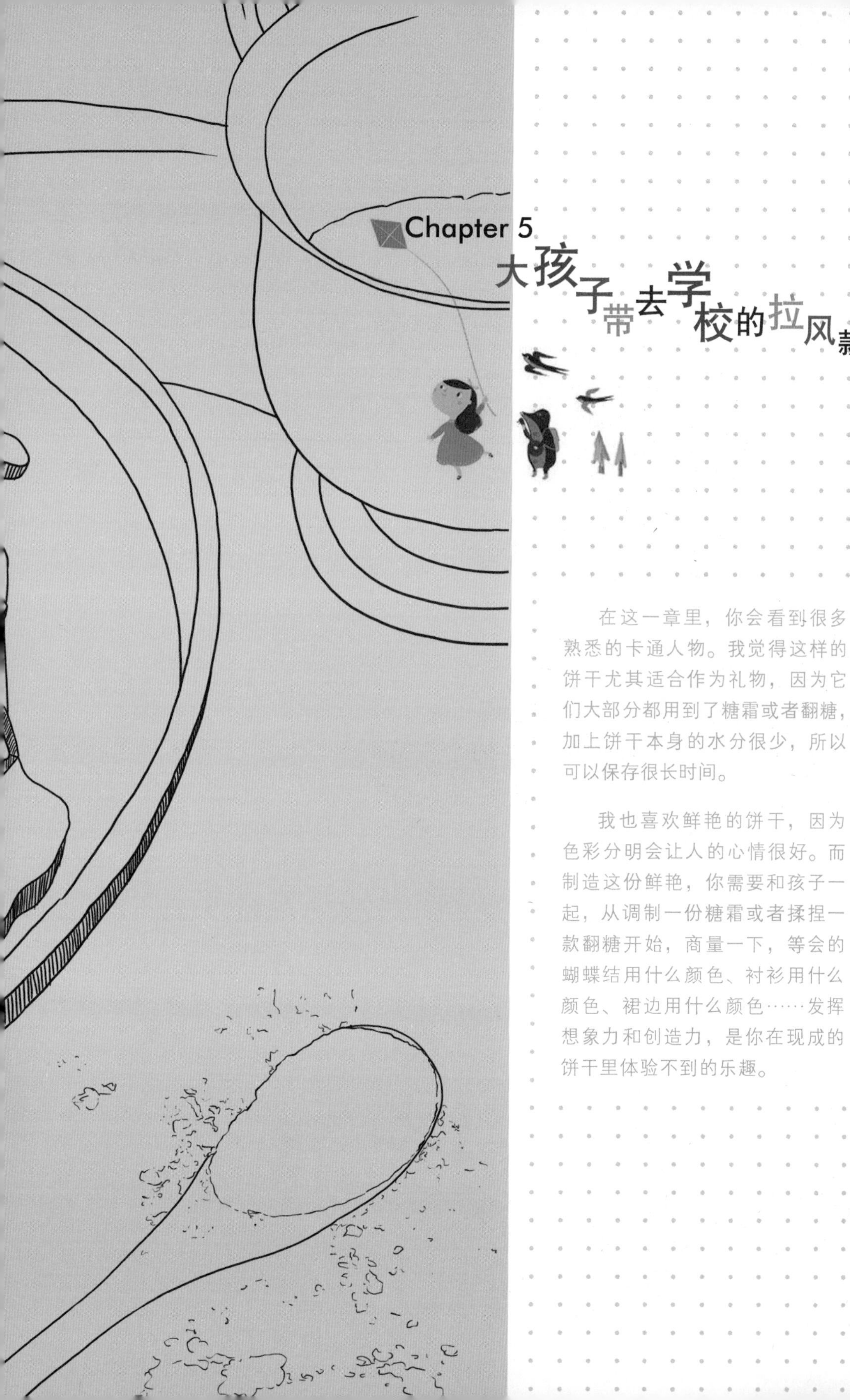

Chapter 5

大孩子带去学校的拉风款

在这一章里，你会看到很多熟悉的卡通人物。我觉得这样的饼干尤其适合作为礼物，因为它们大部分都用到了糖霜或者翻糖，加上饼干本身的水分很少，所以可以保存很长时间。

我也喜欢鲜艳的饼干，因为色彩分明会让人的心情很好。而制造这份鲜艳，你需要和孩子一起，从调制一份糖霜或者揉捏一款翻糖开始，商量一下，等会的蝴蝶结用什么颜色、衬衫用什么颜色、裙边用什么颜色……发挥想象力和创造力，是你在现成的饼干里体验不到的乐趣。

小核桃妈
全职妈妈
小核桃
性别：男
生日：2015 年 7 月

哥哥弟弟都爱涂涂画画

和小核桃妈妈的对话：

小核桃是我们家的老二，老大已经9岁了。所以对于一个已经有多年当妈经验的我来说，给孩子变着花样地做饭啊、做零食啊什么的，都已经不是新鲜事了。基本上等孩子过了一岁，可以吃的东西就越来越多。妈妈们也想变着花样给孩子做好吃的。

所以我也开始频繁用烤箱，除了小核桃总是把我的刮刀拿去舀面粉之外。他哥哥已经对于我只做小宝宝吃的点心颇有微词，于是我开始学习制作糖霜饼干，哥哥也很高兴跟我一起涂涂画画。

让孩子一起动手，因为：

- 哥哥永远是弟弟的榜样，他的动手能力强，是一种非常正面的影响；
- 上了小学的孩子，除了动手能力变强之外，他们的思想也变得开阔起来，色彩在这个时候对于他们非常重要；
- 整形比较复杂的饼干，会让他们觉得自己已经是大人了，可以完成有难度的事情了。

肥嘟嘟左卫门饼干

小红帽的故事，应该是年轻妈妈们小时候最常听的故事了。一代人总会有一些经典的卡通形象在我们的心里。我也希望让我的孩子看看妈妈喜欢的卡通是哪些。

需要用到的工具

手动打蛋器
橡皮刮刀
不锈钢打蛋盆
电子秤
面粉筛
案板
擀面杖
保鲜膜
锡纸
裱花袋

材料

黄油 60 克
鸡蛋 30 克
糖粉 65 克
低筋面粉 175 克
红曲粉适量
可可粉适量
黑巧克力适量

1 黄油软化后放入盆中，用刮刀拌匀；

2 加入糖粉，用手动打蛋器搅打均匀；

3 分两到三次加入鸡蛋，每次都要搅拌均匀；

4 筛入低筋面粉，翻拌成无干粉的面团；

5 将面团分为两个 83 克的面团，一个 20 克的面团，一个 13 克的面团；

6 将 20 克的面团加入少许红曲粉，揉成粉红色；

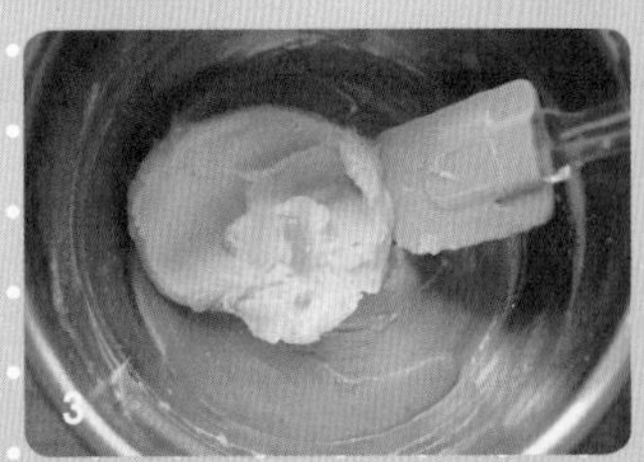

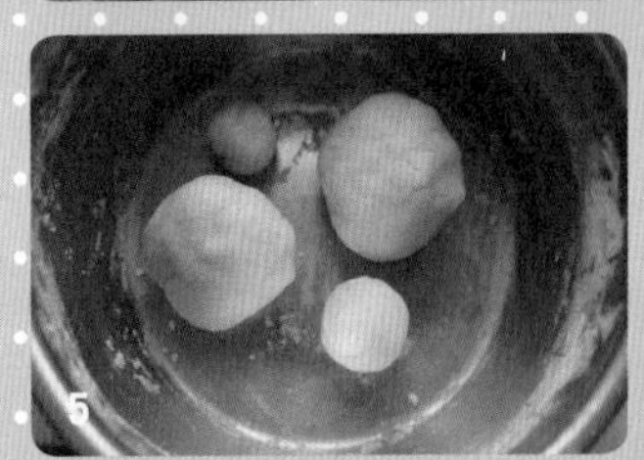

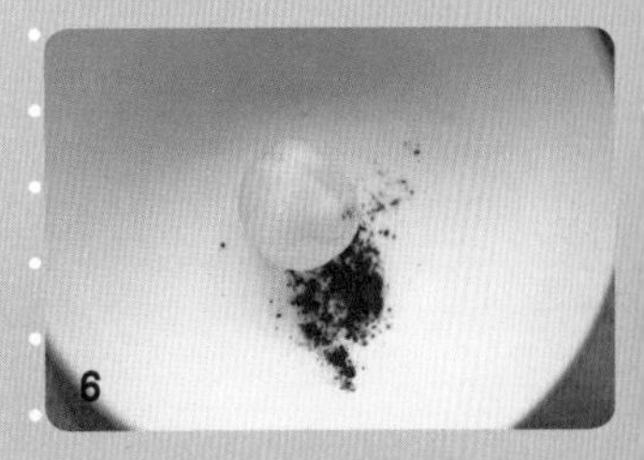

1. 红曲粉不宜过多，否则颜色太深；可以换成草莓粉或者樱桃粉；
2. 大概要估摸一下需要包裹的面片的宽度，很容易露出来，但是太长，接缝处又会太厚，所以可以用尺子大概量一下，不过我没量哈。

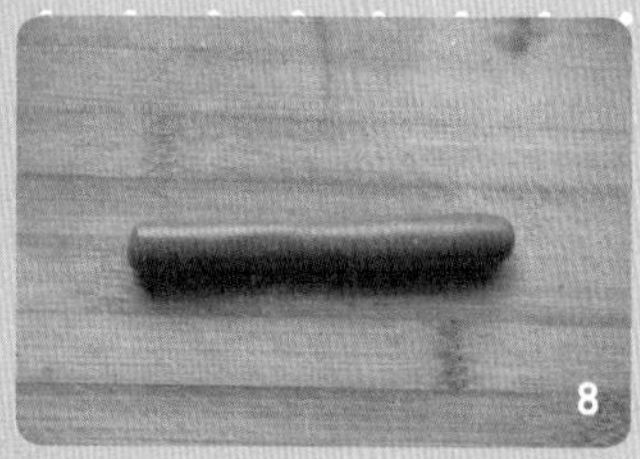

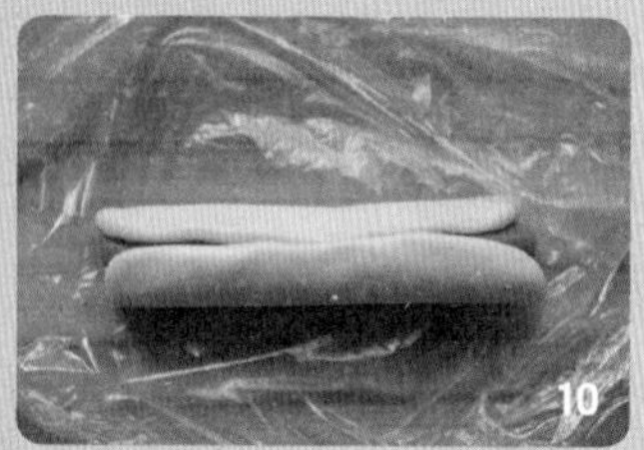

7 将一个 83 克的面团加入适量可可粉揉成巧克力色；

8 将粉红色的面团在案板上揉成均匀的细长条，作为鼻子部分；

9 再将一个 83 克的原味面团揉成跟粉色面团一样长的长度，然后按扁成长方形，长宽要以能包裹住粉色面团为宜；

10 把粉色面团放在中间，包起来，揉均匀，收口朝下；

11 然后把 15 克的原味面团分成两块，分别揉成细长条，放在刚刚组合好的圆柱体的上面两侧位置，作为耳朵部分，把面团按压成三角形；然后放入冰箱冷冻至硬后再取出；

12 接着把那个 83 克的巧克力面团取出一小块来，揉成细长条，放在两个耳朵之间的空隙中，压平；

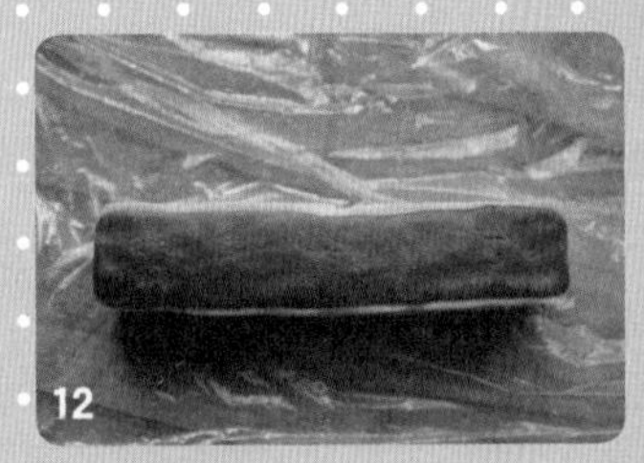

13 然后将剩余的巧克力面团揉圆擀开，长宽也是以包裹住冻好的那个面团为宜。包裹住，压实，再用手稍微调整一下即可放入冰箱冷冻 1 小时以上；

14 取出略回温，然后切成薄片，摆入铺好锡纸的烤盘；

15 预热 170 摄氏度，上下火全开，放在烤箱中层，大约烤 15 分钟；

16 一边冷却饼干，一边在裱花袋里融化一些黑巧克力，画上眼睛和鼻孔即可。

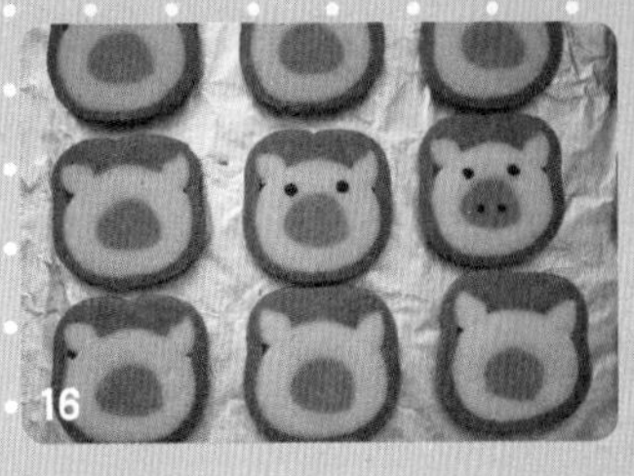

樱桃小丸子饼干

需要用到的工具

手动打蛋器
橡皮刮刀
不锈钢打蛋盆
电子秤
面粉筛
案板
擀面杖
小丸子饼干模
保鲜膜
小刀
裱花袋
锡纸
牙签
羊毛刷

材料

饼干部分：
黄油 50 克
糖粉 30 克
牛奶 15 克
低筋面粉 120 克

装饰部分：
翻糖膏适量
食用色素适量
黑巧克力适量
粉巧克力适量
白巧克力适量

1 黄油软化后放入盆中，用刮刀拌匀；

2 加入糖粉，先用刮刀拌匀，再用手动打蛋器顺着一个方向搅拌均匀；

3 然后分两次加入牛奶，用手动打蛋器搅打到完全被吸收；

4 然后筛入低筋面粉，用刮刀拌成无干粉的面团；

5 然后放在案板上擀成薄片（可以上下铺保鲜膜，可以防粘，也好取出饼干胚）；

6 用小丸子饼干模切割出身体和头发两部分；

7 预热 170 摄氏度，上下火全开，放在烤箱中层，大约烤 15 分钟；

1

2

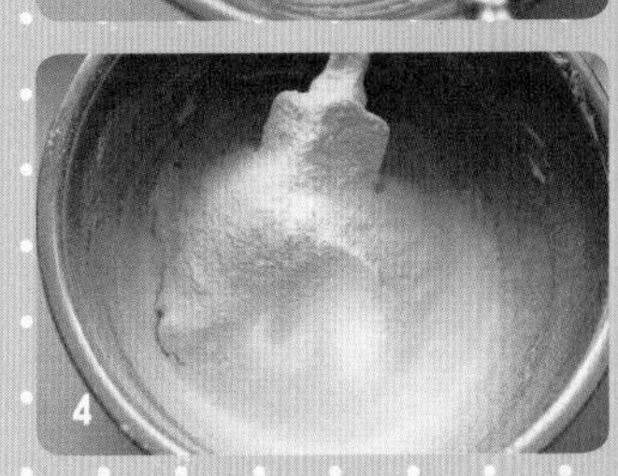
3

4

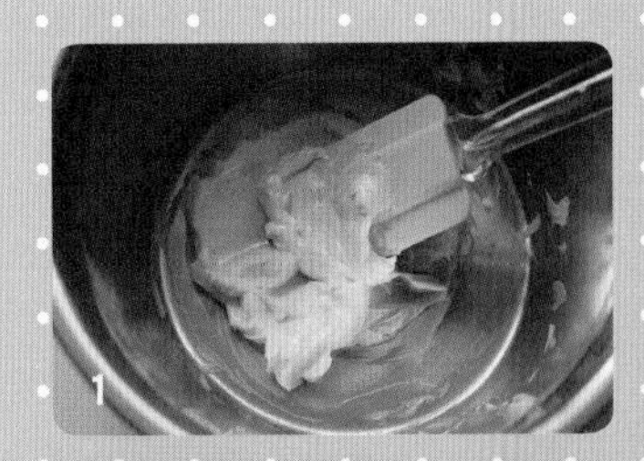
5

6

1. 如果不喜欢翻糖，可以全部都用巧克力来涂色；
2. 翻糖饼干和糖霜饼干都容易受潮，要密封置于凉爽处保存；
3. 如果做糖霜，那就是 1 个蛋白加 150 克糖粉的比例。

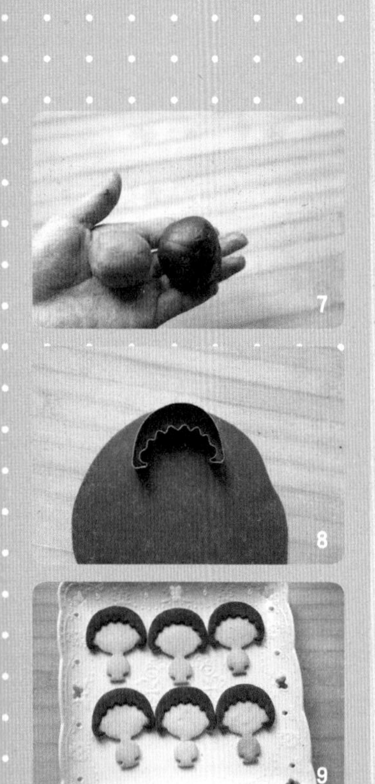

8 取两小块白色的翻糖，分别加入黑色色素和红色色素，揉均匀；

9 把黑色翻糖膏在案板上擀成薄片，用小丸子头发模具切割；

10 头发背部刷一层清水，粘贴在饼干的适当位置，稍微按压一下；

11 然后把红色翻糖膏擀成薄片，用小丸子身体部分切割出身体大小，备用；

12 再取一小块白色翻糖擀成薄片，用身体部分模具切割出身体大小，切去多余的脖子和腿脚部分，只留下衣服部分大小；

13 把这个白色的衣服背面刷清水，粘贴在饼干适合位置；

14 然后再把刚刚切好的红色身体部分，切去多余的脖子部分和腿脚部分，只留下和白色衣服一样大的衣服部分；

15 然后把刚刚红色的切掉的腿脚部分，仅切出脚丫部分，作为鞋子，粘贴在饼干合适位置；

16 在裱花袋里融化一些黑巧克力，在饼干脸部画出眉毛、眼睛和嘴巴；

17 在碗中隔热水融化一些粉色巧克力，用牙签沾一些画出腮红部分；最后在裱花袋里融化一些白巧克力，在眼睛上画出眼珠即可。

Hello Kitty 翻糖饼干

需要用到的工具

手动打蛋器
橡皮刮刀
不锈钢打蛋盆
电子秤
面粉筛
案板
擀面杖
凯蒂猫饼干模
保鲜膜
小刀
羊毛刷
锡纸
牙签
剪刀

材料

黄油 50 克
糖粉 30 克
鸡蛋 15 克
高筋面粉 120 克
翻糖膏适量
食用色素适量
粉色巧克力适量

做法 Method

1 黄油软化后放入盆中，用刮刀拌匀；

2 加入糖粉，搅拌均匀；

3 分两次加入鸡蛋，用手动打蛋器搅打均匀；

4 筛入高筋面粉，用刮刀拌匀或者用手抓成均匀的面团；

5 把面团放在案板上，擀成薄片，用凯蒂猫饼干模切割，然后摆入烤盘；

6 烤箱预热 170 摄氏度，上下火，中层，大约烤 15 分钟，烤好后一边冷却一边制作翻糖部分；

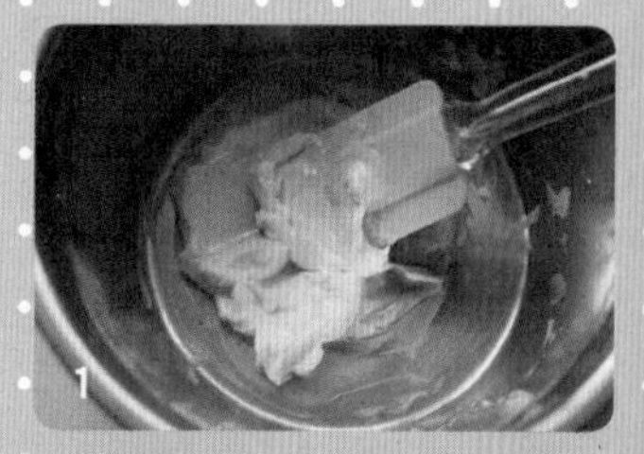
1

2

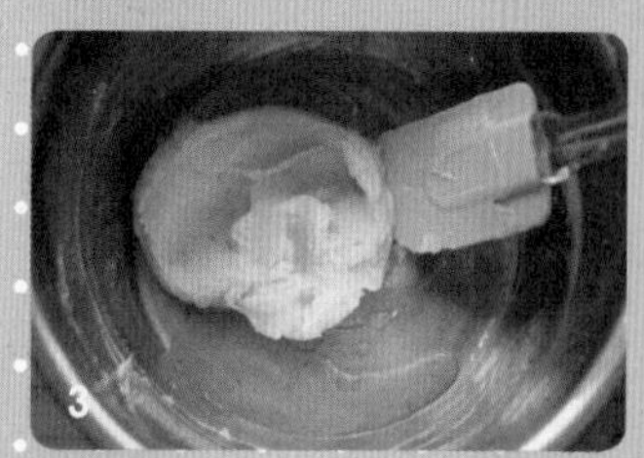
3

4

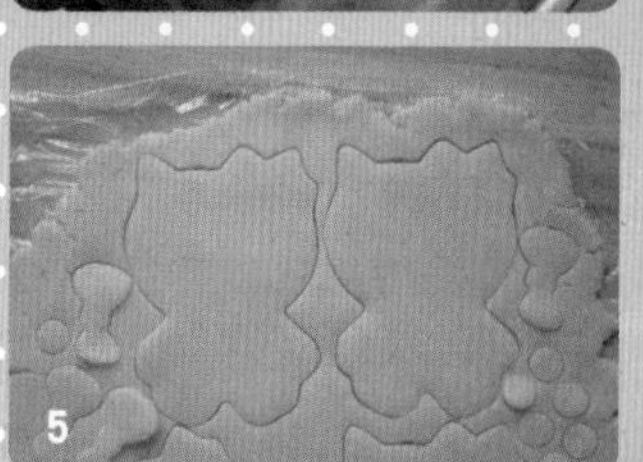
5

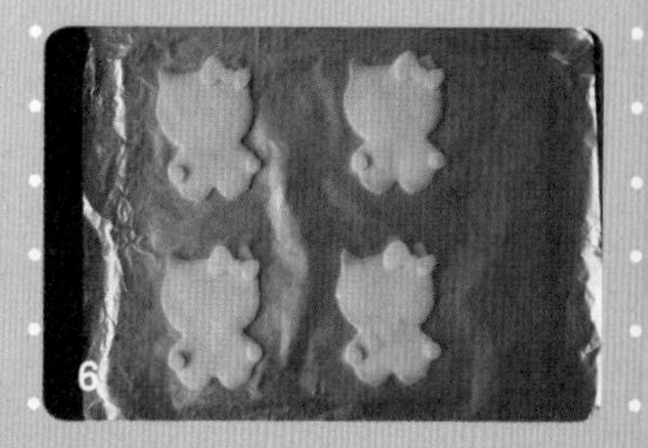
6

TIPS

1. 翻糖不使用的时候要盖着保鲜膜，否则很容易风干；
2. 所有黏贴在饼干上的翻糖都要背面刷清水或者蜂蜜；
3. 高筋面粉做为饼干底，不会太酥，太酥容易碎。

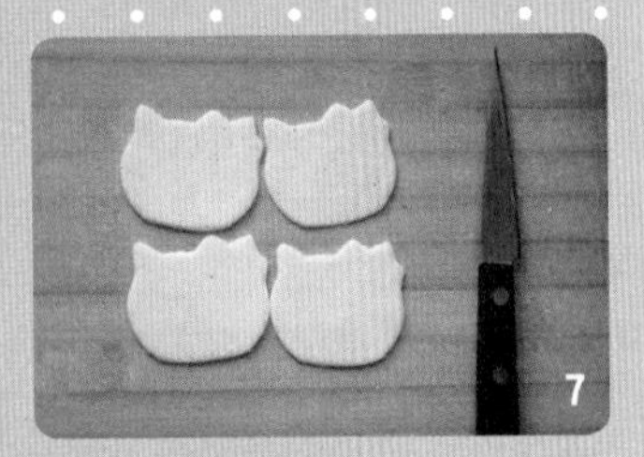

7 取一块白色翻糖膏，擀成薄片，切割出凯蒂猫的头部，背面刷清水，粘贴在饼干上；

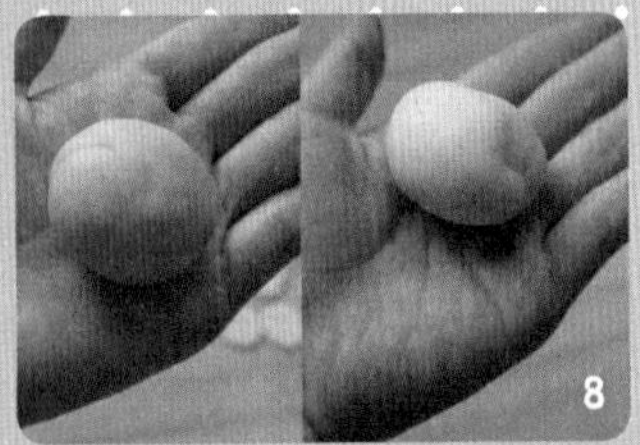

8 然后取两小块白色翻糖，分别加入黄色色素和红色色素，揉成黄色和粉色的翻糖；

9 分别擀成薄片，把黄色翻糖切割出凯蒂猫的上衣，把粉色翻糖切割出凯蒂猫的裤子，背面刷清水，粘贴在饼干上；

10 接着擀开一块白色翻糖膏，刻出她的手和脚，粘贴在合适的位置；

11 然后再揉一小块紫红色的翻糖，擀成薄片，切割出凯蒂猫的蝴蝶结；

12 再切一小段翻糖条，缠绕蝴蝶结中心一圈，压紧，这样蝴蝶结就比较立体了；把做好的蝴蝶结粘贴在饼干上；

13 然后再揉一块黑色的翻糖，在手里揉成几个小圆球，作为凯蒂猫的眼睛，粘贴在合适的位置；

14 再把黄色的翻糖揉一些黄色的小球，作为凯蒂猫的鼻子，粘贴在合适的位置；

15 接下来做凯蒂猫的胡子，揉一点黑色的翻糖在手心，成为小细条条，粘贴在合适位置，然后用剪刀剪去多余的部分；

16 最后融化一些粉色的巧克力，用牙签沾一些，在凯蒂猫的衣服上写出“cute”或其他字母即可。

野比康夫饼干

需要用到的工具

手动打蛋器
橡皮刮刀
不锈钢打蛋盆
电子秤
面粉筛
案板
擀面杖
野比康夫饼干模
保鲜膜
小刀
羊毛刷
锡纸
裱花袋

材料

饼干部分：

黄油 55 克
糖粉 40 克
鸡蛋 15 克
奶粉 20 克
低筋面粉 110 克

装饰部分：

翻糖膏适量
食用色素适量
黑巧克力适量

1 先来制作饼干：黄油软化后放入盆中拌匀；

2 加入糖粉，搅打均匀；

3 分两次加入鸡蛋，顺着一个方向继续搅打到完全被吸收；

4 将低筋面粉和奶粉混合筛入，用刮刀拌成均匀的面团；

5 把面团擀成薄片，用模具切割，摆入铺好锡纸的烤盘；

6 烤箱预热 170 摄氏度，上下火全开，放在烤箱中层，烤 15 ~ 20 分钟；

1. 也可以用糖霜制作；
2. 我使用的色素是 Americolor 色素。

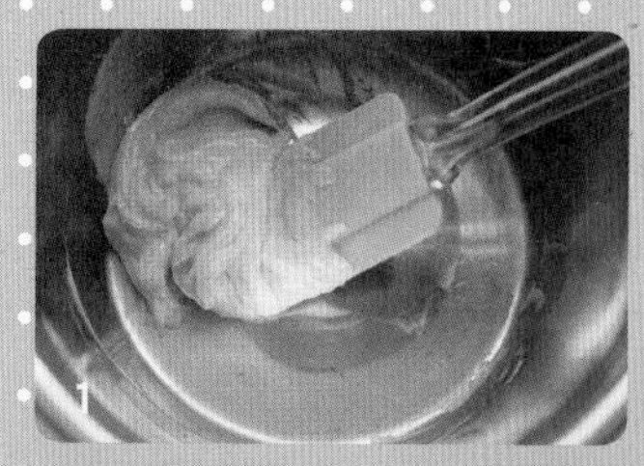

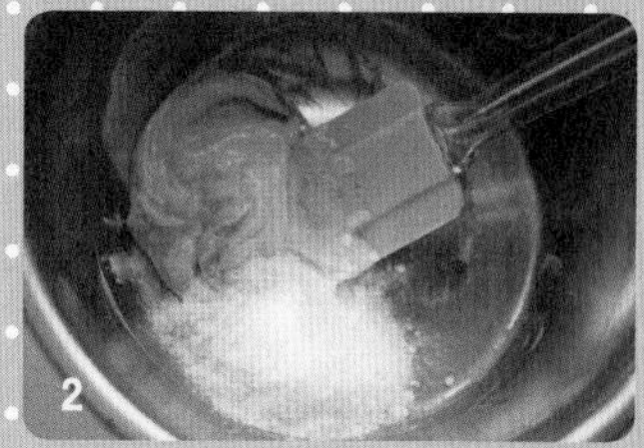

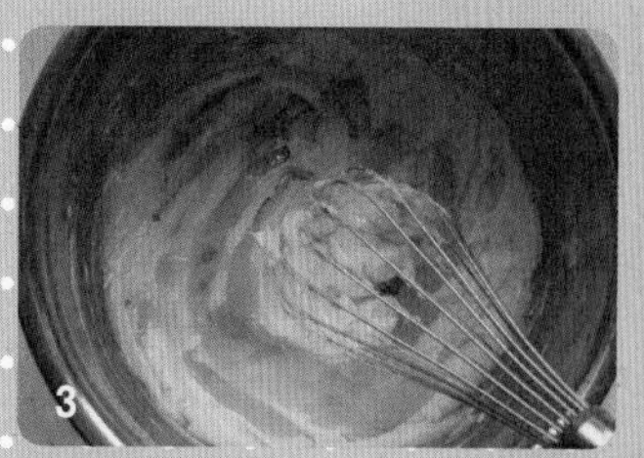

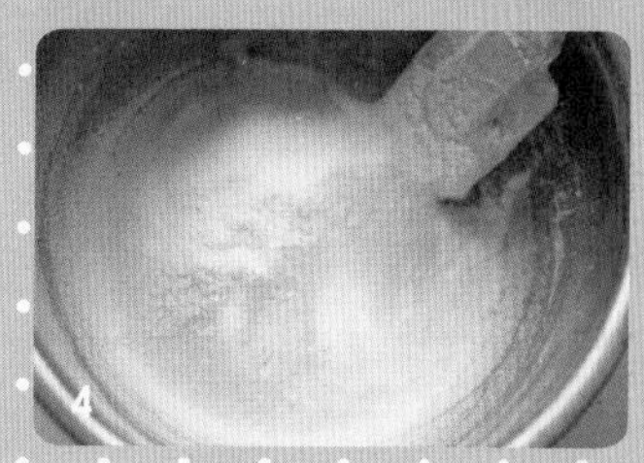

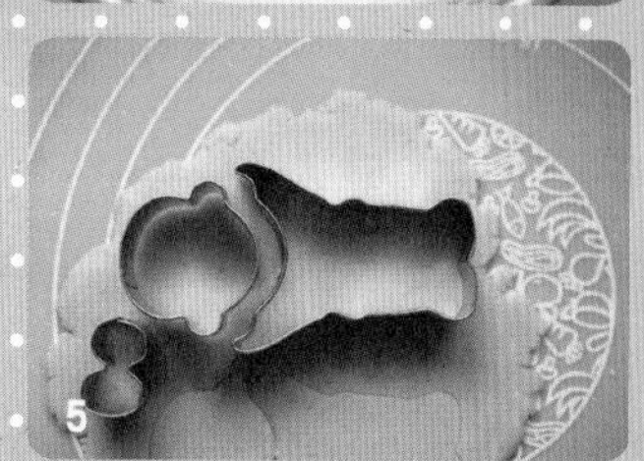

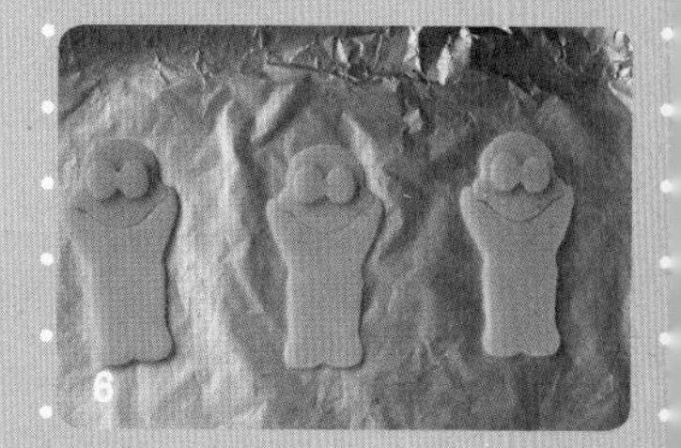

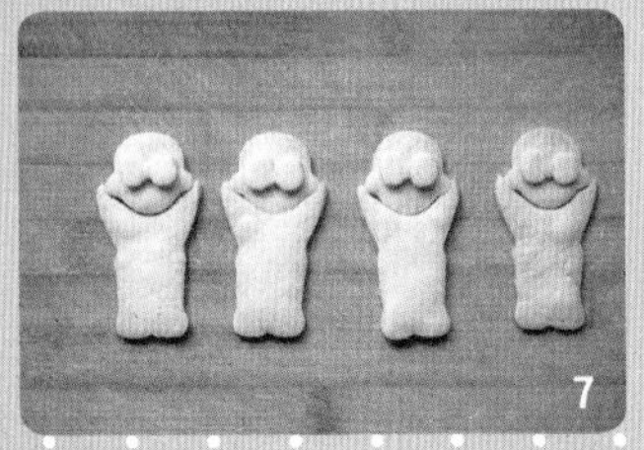

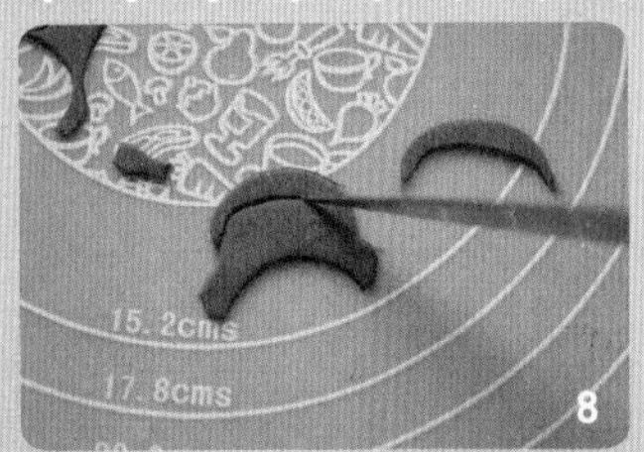

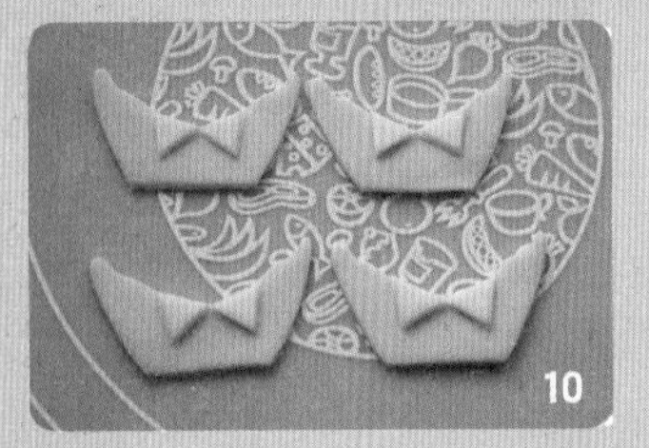

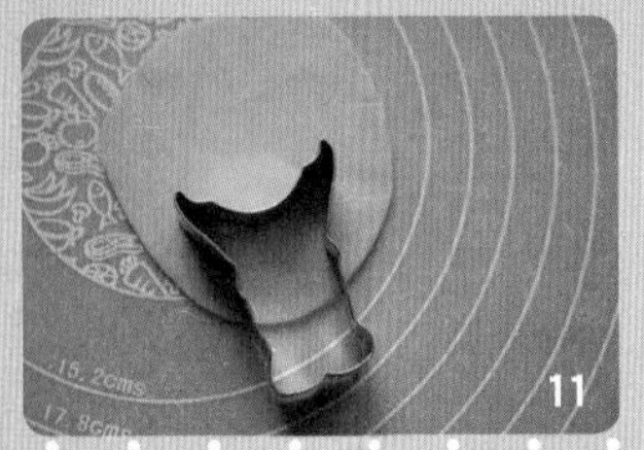

7 取出后冷却，然后开始制作翻糖部分；

8 取一块翻糖膏加入黑色色素，揉成黑色的翻糖，擀成薄片，用模具切出头发部分，用小刀切去多余的边角；然后背面刷清水粘贴在饼干的合适位置；

9 把一块白色的翻糖擀成薄片，切出眼镜部分，粘贴在合适位置；

10 取一块翻糖膏加入黄色色素，揉成黄色的翻糖，擀成薄片，借助模具切割出衣服部分，用小刀切去多余边角，再揉一块白色翻糖，擀成薄片，切出衣服上的领子，粘贴在衣服上，然后把衣服黏贴在饼干的合适位置；

11 再取一点翻糖膏，加入蓝色色素，揉成蓝色的翻糖，擀成薄片，切割出短裤的部分，切去多余边角，粘贴在合适位置；

12 再用剩余的黑色翻糖，擀成薄片，切成鞋子的部分，切去多余边角，粘贴在合适位置；

13 最后融化一些黑巧克力，装入裱花袋，画出表情即可。

打伞的龙猫饼干

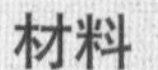

需要用到的工具

手动打蛋器
橡皮刮刀
不锈钢打蛋盆
电子秤
面粉筛
量勺
案板
擀面杖
龙猫饼干模
保鲜膜
锡纸
裱花袋

材料

黄油 80 克
糖粉 50 克
鸡蛋 25 克
低筋面粉 145 克
可可粉 1 小勺 +1/4 小勺
黑巧克力适量
白巧克力适量

1 黄油软化后放入盆中，刮刀拌匀；

2 加入糖粉，用手动打蛋器顺着一个方向搅拌均匀；

3 分两次加入鸡蛋，继续搅拌均匀，到鸡蛋完全被吸收；

4 筛入低筋面粉，用刮刀翻拌均匀，或者用手抓成均匀的面团；

5 将面团分为大小两份，在多的那份面团中加入 1 小勺可可粉，抓揉均匀；

6 把可可面团擀成薄片，用模具切割出龙猫的轮廓，摆入烤盘；

7 再用模具切割出龙猫的爪子，粘贴在适当的位置；

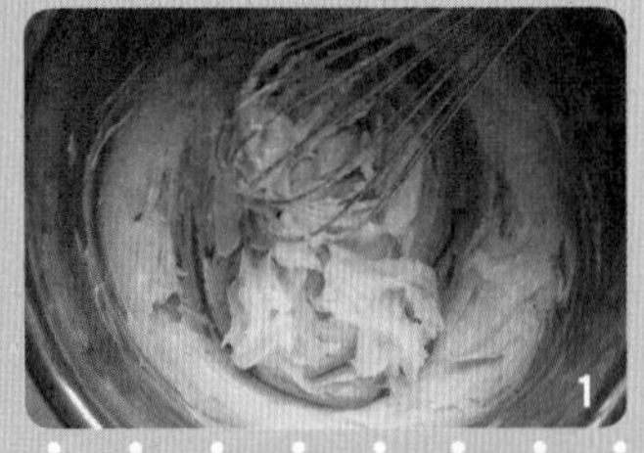

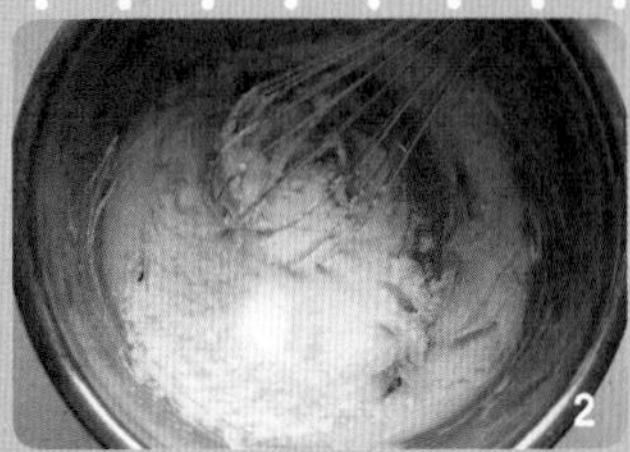

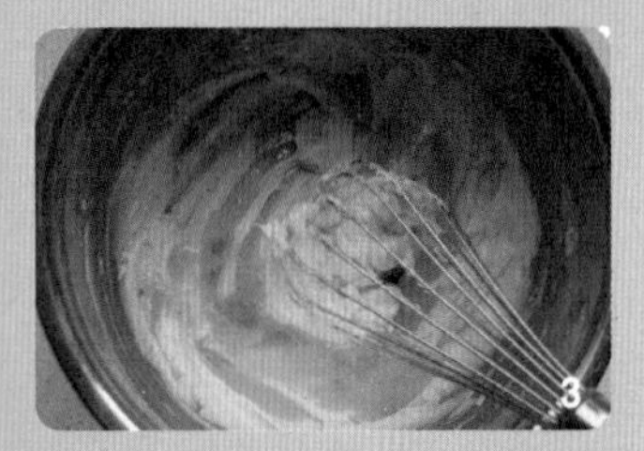

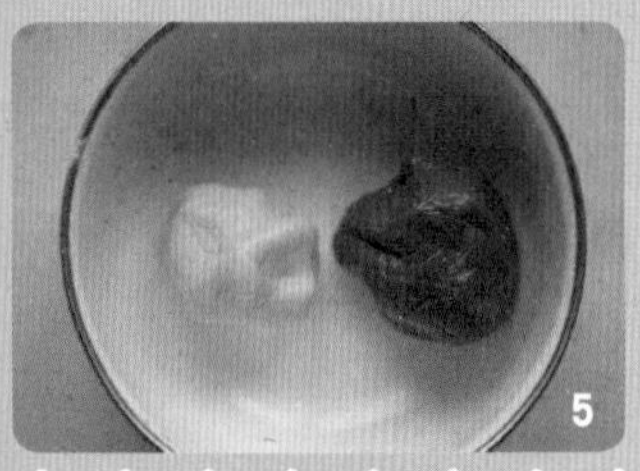

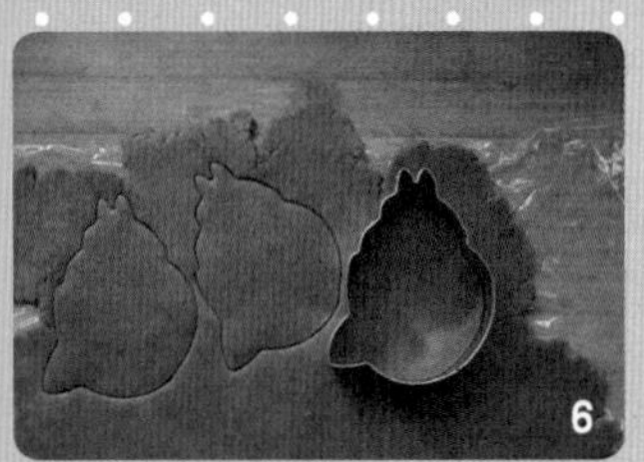

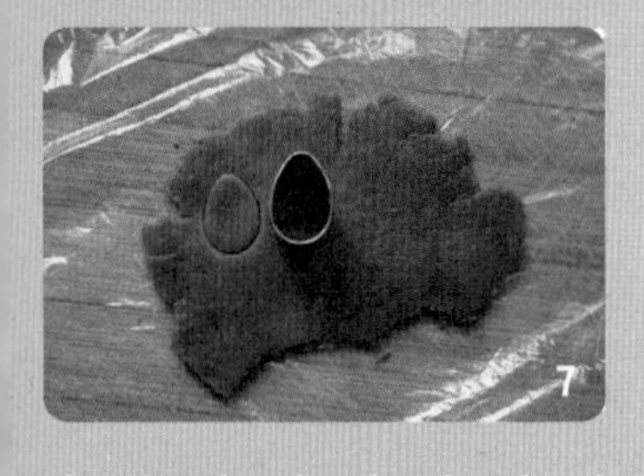

8 把剩余的可可面团加入1/4小勺可可粉揉匀，让面团的颜色更深一些，然后擀成薄片，用模具切割出伞的形状，粘贴在适合的位置；（这里要和龙猫的身体按压紧一些，否则烤好之后容易开）

8

9 再把原味面团擀成薄片，用模具切割出龙猫的肚皮，粘贴在适当的位置；

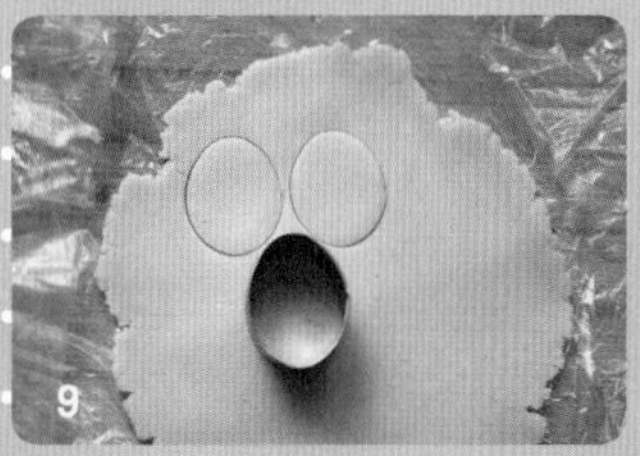
9

10 烤箱预热170摄氏度，上下火全开，放在烤箱中层，大约烤20分钟；

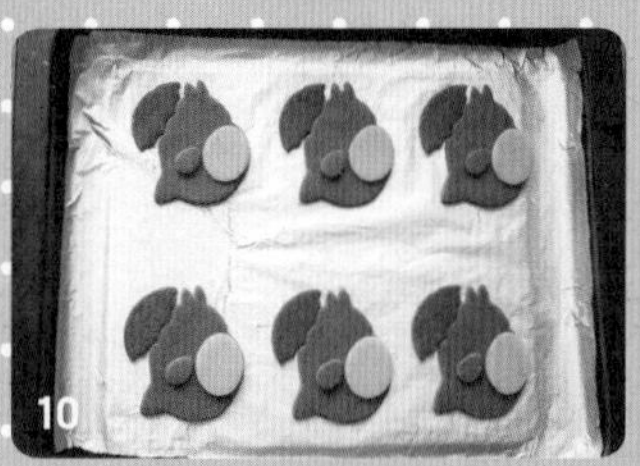
10

11 一边冷却饼干，一边融化黑巧克力和白巧克力；（装入裱花袋中隔热水融化）

11

12 饼干冷却好之后，用黑巧克力画出龙猫的伞、爪子，用白巧克力画出龙猫的眼睛；

12

13 再用黑巧克力画出龙猫的眼珠、胡子和嘴巴，最后再画出龙猫肚皮上的纹路即可。

13

1．冬天巧克力容易凝固，可以一直隔温水放着；
2．伞和身体连接的部分很容易断，所以伞的那部分面团不要擀得太厚。

比卡丘饼干

需要用到的工具

手动打蛋器
橡皮刮刀
不锈钢打蛋盆
电子秤
面粉筛
案板
擀面杖
比卡丘饼干模
保鲜膜
小刀
羊毛刷
锡纸

材料

饼干部分：
黄油 70 克
糖粉 30 克
奶粉 15 克
鸡蛋 25 克
高筋面粉 125 克

装饰部分：
翻糖膏适量
食用色素适量

1 先来制作饼干部分：黄油软化后放入盆中拌匀；

2 加入糖粉，搅拌均匀；

3 分两次加入鸡蛋，每次都要搅打到完全被吸收；

4 将高筋面粉和奶粉混合筛入，用刮刀翻拌成无干粉的面团；

5 把面团放在案板上擀成薄片，用模具切割，摆入烤盘；

6 烤箱预热 170 摄氏度，上下火全开，放在烤箱中层，烤 15 ～ 20 分钟，取出后一边冷却饼干一边制作翻糖部分；

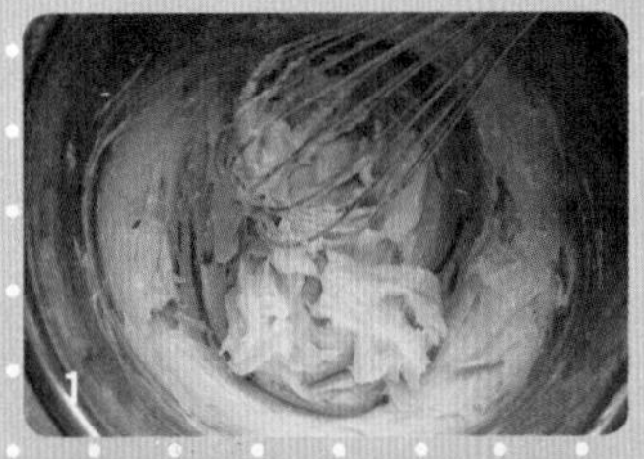

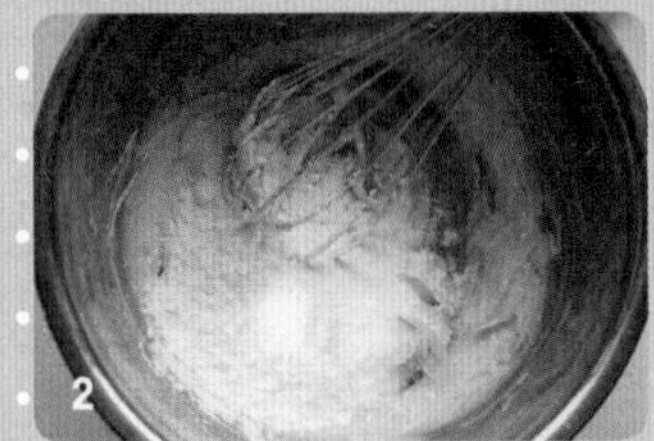

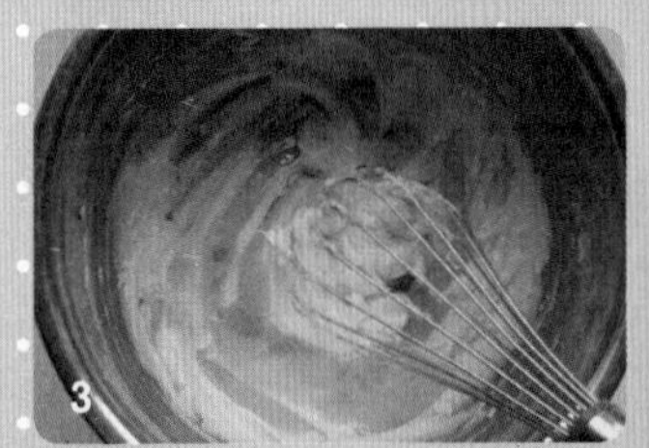

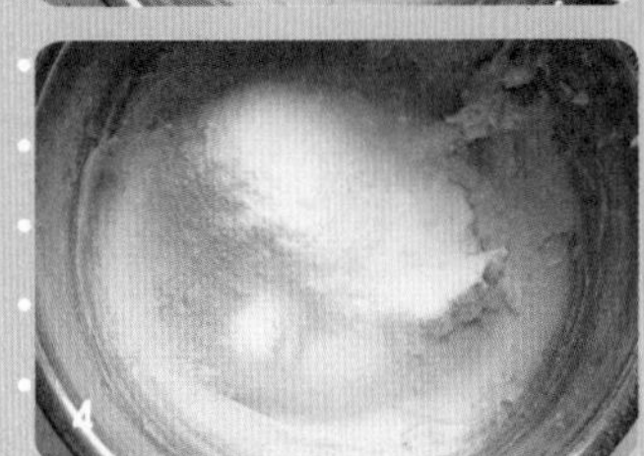

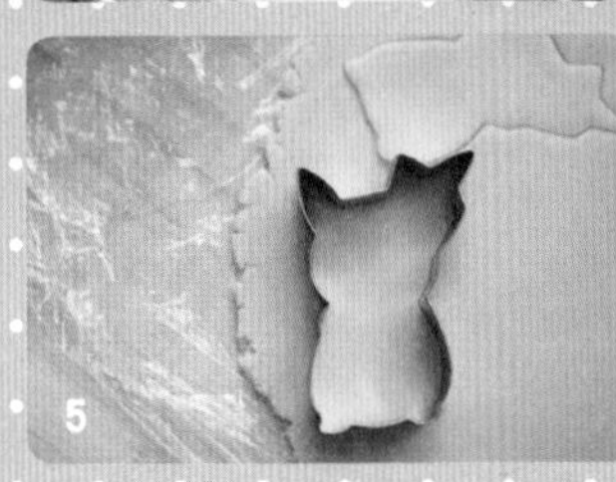

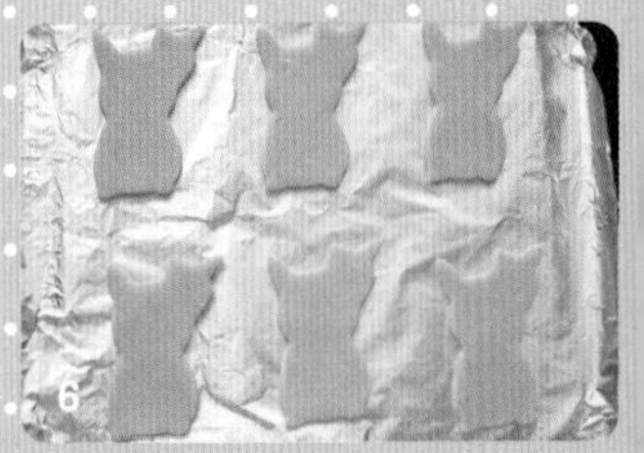

1. 高筋面粉会让饼干口感偏硬一些，低筋面粉会让饼干口感更酥松一些，普通面粉是这两者的平均值。
2. 我使用的翻糖膏是英国 DAB 德伯牌。

7 白色翻糖加入黄色色素，揉成黄色，擀成薄片；

8 用模具切割出比卡丘的轮廓，背面刷清水，粘贴在合适位置；

9 再揉一块黑色的翻糖，擀成薄片，切割出比卡丘耳朵上面的黑色部分，粘贴在合适位置；

10 用一个合适的工具，切割出比卡丘的眼睛，粘贴在合适位置；

11 再揉一块红色的翻糖，擀成薄片，切割出比卡丘的腮红和嘴巴，粘贴在合适位置；

12 揉一点点粉红色翻糖，作为比卡丘的鼻子；再用一点点白色翻糖作为比卡丘的眼珠；最后用剩余的黄色翻糖，擀成薄片，切割出比卡丘的胳膊和腿即可。

蜡笔小新饼干

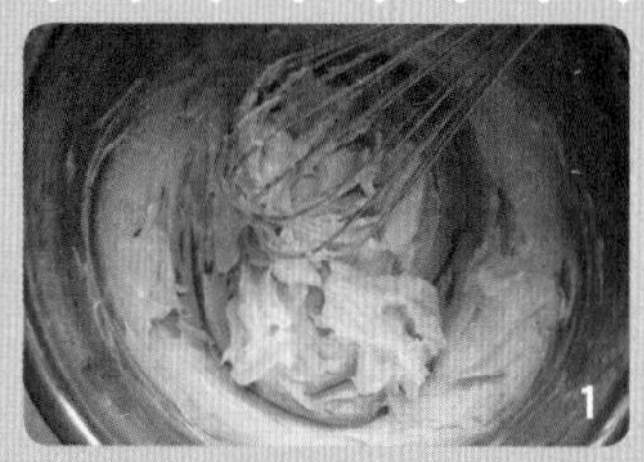

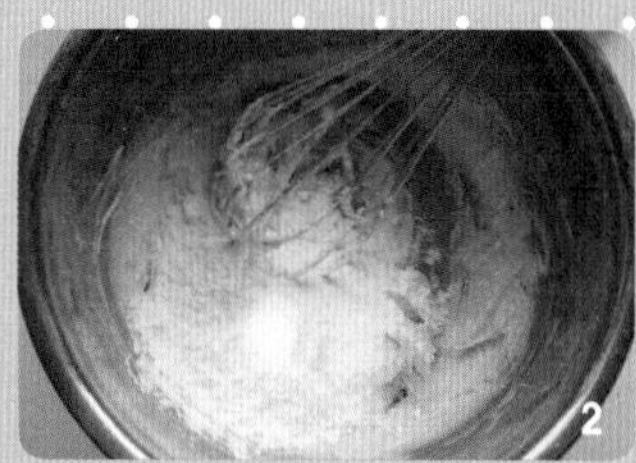

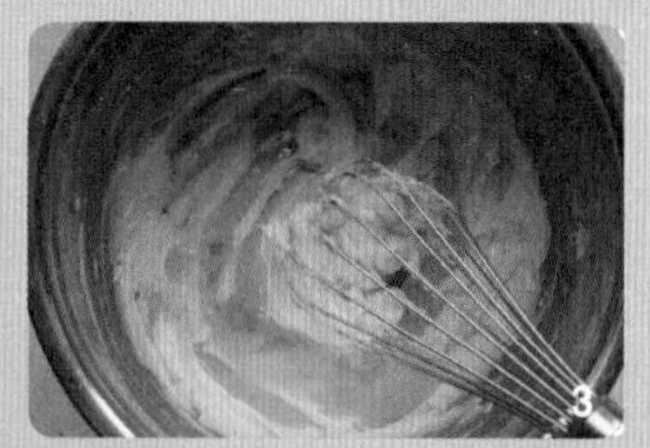

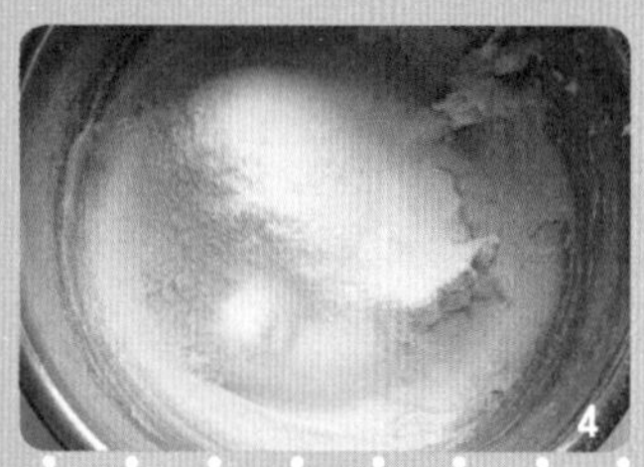

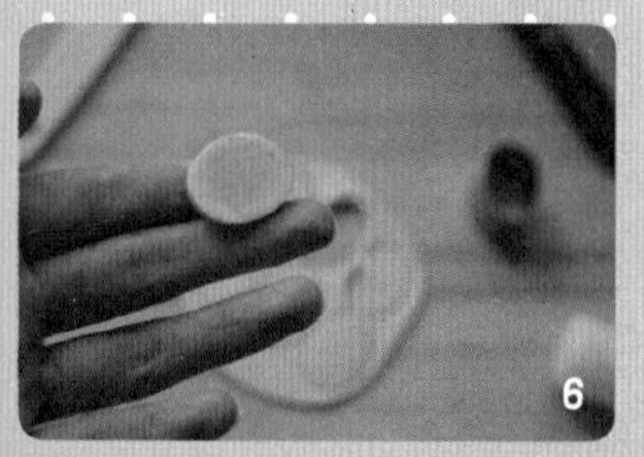

需要用到的工具

手动打蛋器
橡皮刮刀
不锈钢打蛋盆
电子秤
面粉筛
案板
擀面杖
蜡笔小新饼干模
保鲜膜
小刀
羊毛刷
锡纸

材料

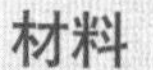

饼干部分：

黄油 50 克
糖粉 25 克
鸡蛋 15 克
低筋面粉 60 克
高筋面粉 60 克

装饰部分：

白色翻糖膏适量
食用色素适量

1 黄油软化后放入盆中，用刮刀拌匀；

2 加入糖粉，先用刮刀拌匀，再用手动打蛋器搅打均匀；

3 分两次加入蛋液，每次都要搅打均匀；

4 将低筋面粉和高筋面粉混合筛入上面的黄油糊中，用刮刀拌匀，或者用手抓均匀，成为均匀的面团；

5 把面团放在案板上擀成薄片，用模具切割，然后摆入铺了锡纸的烤盘，组合好，放入预热好 170 摄氏度的烤箱，上下火，中层，烤 15 ~ 20 分钟；一边等待饼干冷却，一边制作翻糖部分：取一块白色的翻糖膏，加入一点大红色色素，揉成红色备用，再取一小块白色翻糖膏加入黄色色素揉匀，在案板上擀成薄片；

6 用模具中的圆形切割出来，作为小新的鞋子，然后背面刷清水粘贴在饼干的合适位置；

7 然后把大红色翻糖擀成薄片，借助模具切割出小新的衣服部分，用小刀切去多余的边角，同样背面刷清水粘贴在合适位置；（这里要给小新的嘴巴留出一些空间，用小刀在衣服上面割出一点弧度，见图）

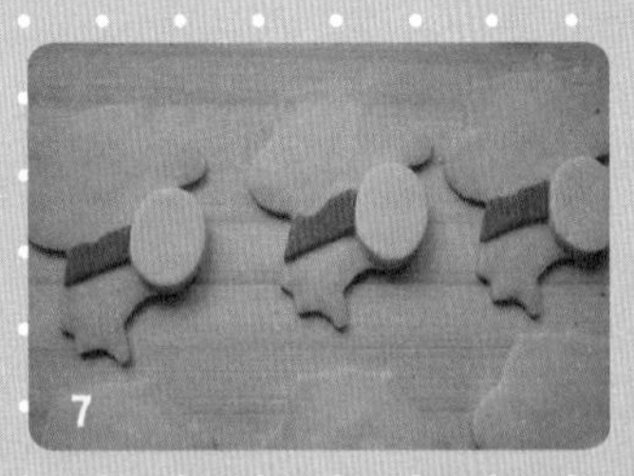
7

8 取一点白色翻糖加入一点咖啡色色素揉成咖啡色，擀成薄片，用适合的工具切割出小新的嘴巴；（我用的是另外一个饼干模具）然后刷清水粘贴在合适的位置；

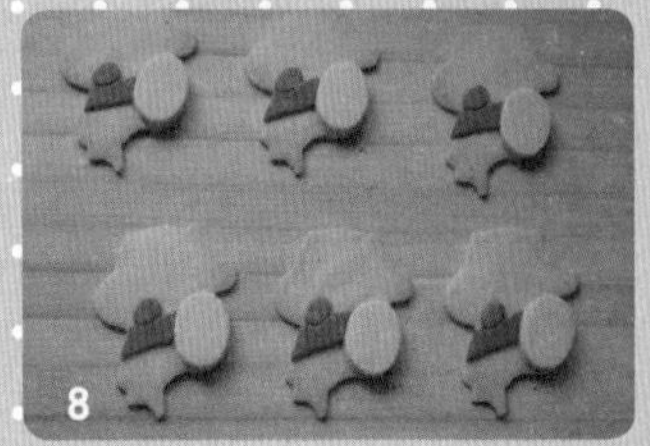
8

9 再取一块白色翻糖加入少量黄色色素，揉均匀，擀成薄片，借助模具切割出小新的裤子部分，用小刀切去多余的边角，然后粘贴在合适的位置；

9

10 然后把刚刚做小新鞋子部分剩余的深黄色翻糖再擀成薄片，借助模具切割出小新的另外一只鞋子部分，粘贴在合适位置；

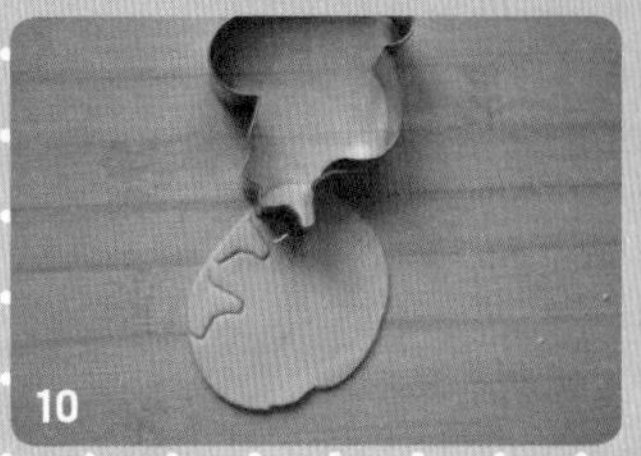
10

11 最后再取一块白色的翻糖膏加入黑色的色素，揉成黑色，擀成薄片，借助模具切割出小新的头发和眉毛部分，用小刀切去多余的边角，粘贴在合适的位置；

11

12 再用一个合适的圆形工具，切割出小新的眼睛，粘贴在合适位置，再用一个小圆切割出白色的眼珠部分，粘贴在眼睛上即可。

12

1. 所有的翻糖要粘贴在饼干表面可以刷清水或者蜂蜜，清水是可以喝的水哦；
2. 如果没有这个饼干模，可以画在纸上，然后铺在面团上，用小刀切割各部分。

蓝精灵饼干

需要用到的工具

手动打蛋器
橡皮刮刀
不锈钢打蛋盆
电子秤
面粉筛
案板
擀面杖
蓝精灵饼干模
保鲜膜
小刀
羊毛刷
锡纸
裱花袋

材料

饼干部分：
黄油 50 克
糖粉 25 克
鸡蛋 15 克
柠檬汁少许
盐少许
低筋面粉 105 克

装饰部分：
翻糖膏适量
食用色素适量
白巧克力适量
黑巧克力适量

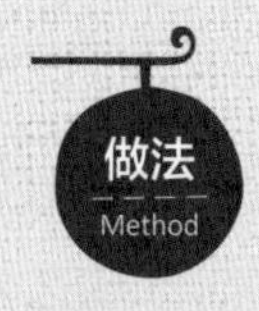

1 黄油软化后放入盆中，用刮刀拌匀；

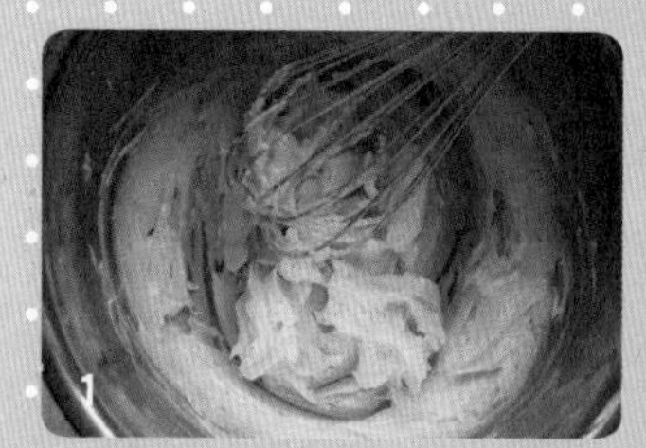

2 加入糖粉和盐，用手动打蛋器搅拌均匀；

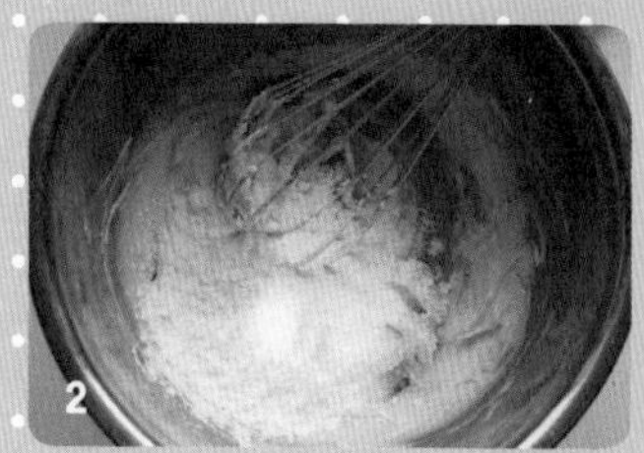

3 分两次加入鸡蛋，继续用手动打蛋器顺着一个方向搅打均匀；

4 加入一点点柠檬汁，搅拌均匀；

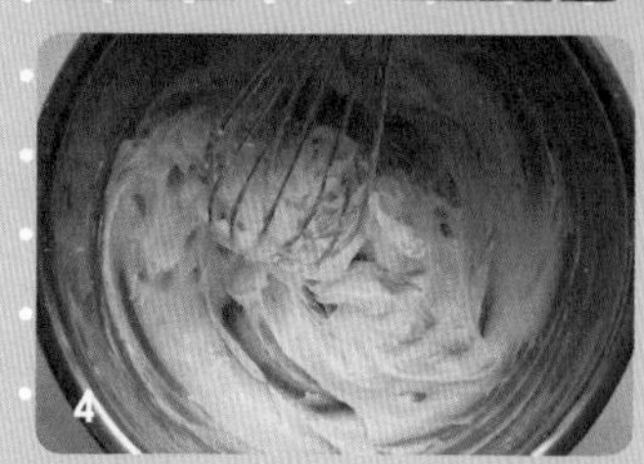

5 筛入低筋面粉，用刮刀翻拌成无干粉的面团；（如果面团过软，可以放入冰箱冷藏片刻）

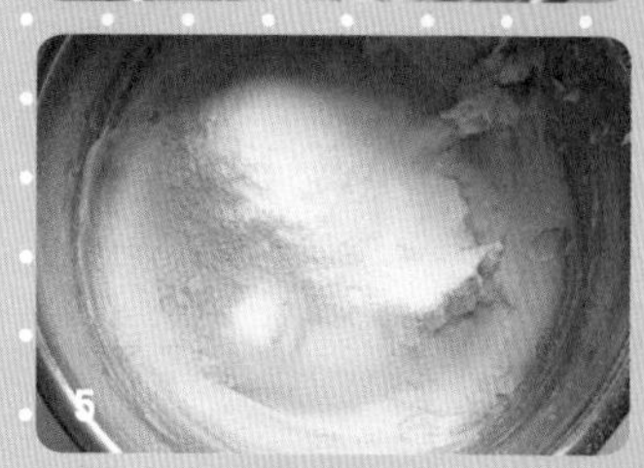

6 在案板上擀成薄片，用饼干模切割出蓝精灵的轮廓，摆入铺好锡纸的烤盘，然后再用配套的小模具切出腿之间的空隙；

7 烤箱预热175摄氏度，上下火全开，放在烤箱中层，烤15～20分钟；

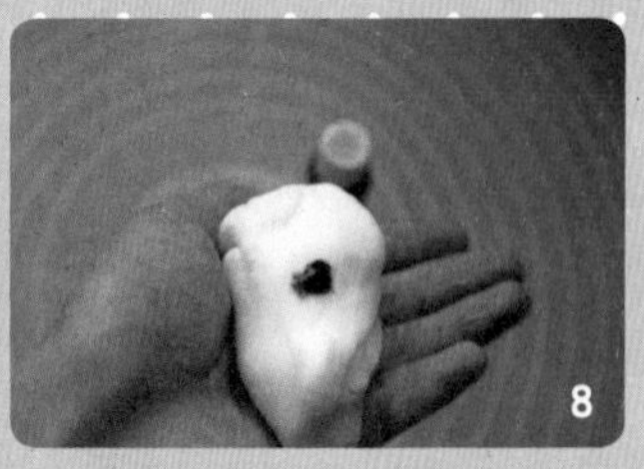

8 一边冷却饼干一边制作翻糖装饰部分：取一块白色的翻糖膏加入一点蓝色色素，揉成蓝色的翻糖；

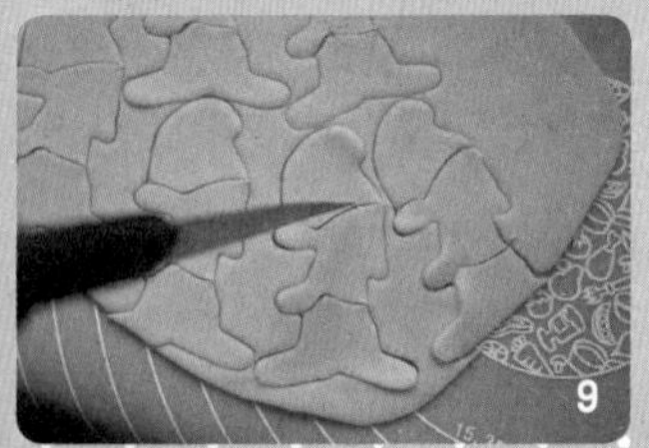

9 在案板上擀成薄片，用模具切出蓝精灵的身体部分，然后用小刀在上面画出两只手的轮廓线条；

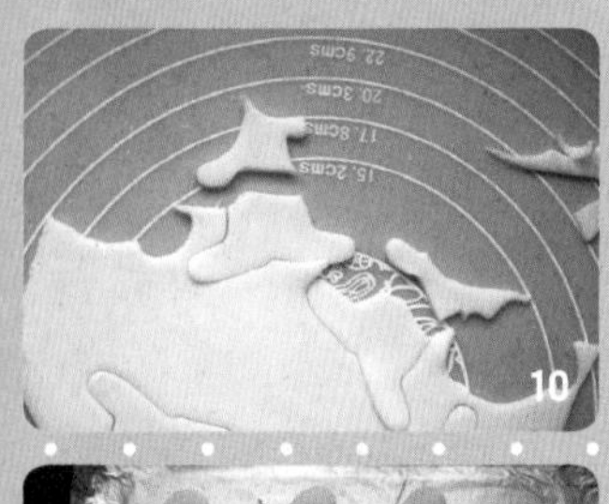

10 再取一块白色的翻糖膏擀成薄片，用模具切出帽子和腿的部分，去掉多余的边角；

11 然后全部背面刷上一层清水，粘贴在饼干上，组合好；

12 用裱花袋装入融化好的白色巧克力或者白色糖霜画出蓝精灵的眼睛，然后用黑色的巧克力画出蓝精灵的眼珠即可。

1. 涂画眼睛的时候，可以把巧克力装入裱花袋中使用，也可以融化在碗中，用牙签沾着画；
2. 翻糖背面刷的清水是凉开水或者纯净水哦，因为要直接可以食用的。

熊大饼干

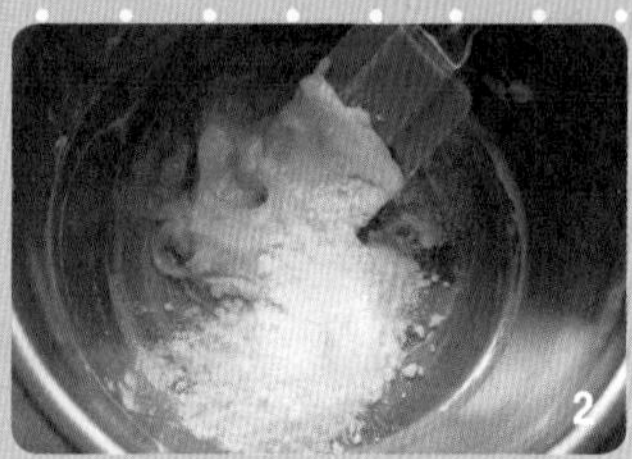

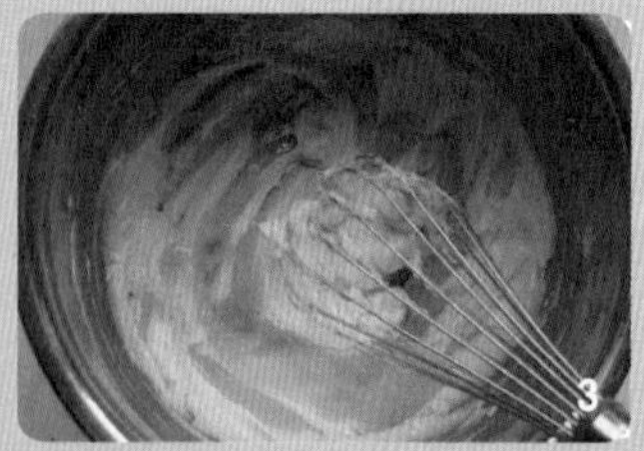

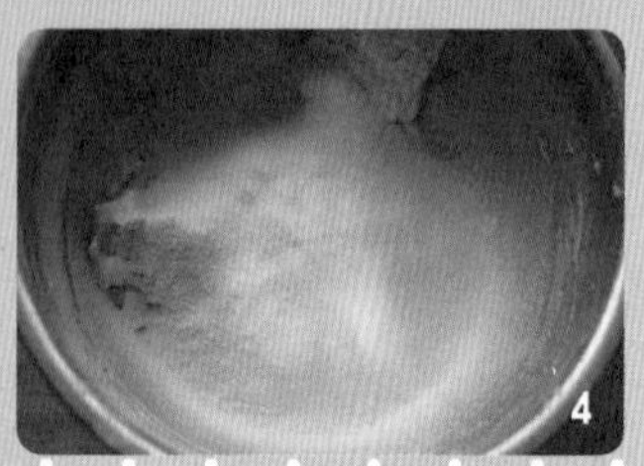

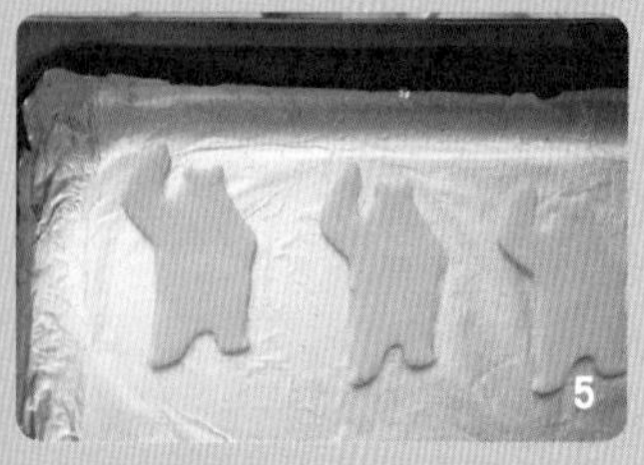

需要用到的工具

手动打蛋器
橡皮刮刀
不锈钢打蛋盆
电子秤
面粉筛
案板
擀面杖
熊大饼干模
保鲜膜
裱花袋
锡纸
羊毛刷

材料

饼干部分：
黄油 50 克
糖粉 20 克
鸡蛋 15 克
低筋面粉 55 克
高筋面粉 50 克

装饰部分：
翻糖膏适量
食用色素适量
黑巧克力适量

1 黄油软化后放入盆中，用刮刀拌匀；

2 加入糖粉，先用刮刀拌匀，再用手动打蛋器搅打均匀；

3 加入鸡蛋，继续顺着一个方向搅打均匀；

4 将低筋面粉和高筋面粉混合筛入，用刮刀翻拌成无干粉的面团；

5 把面团放在案板上，擀成薄片，用模具切割，摆入铺好锡纸的烤盘；

6 烤箱预热 170 摄氏度，上下火全开，放在烤箱中层，烤 15 ~ 20 分钟；

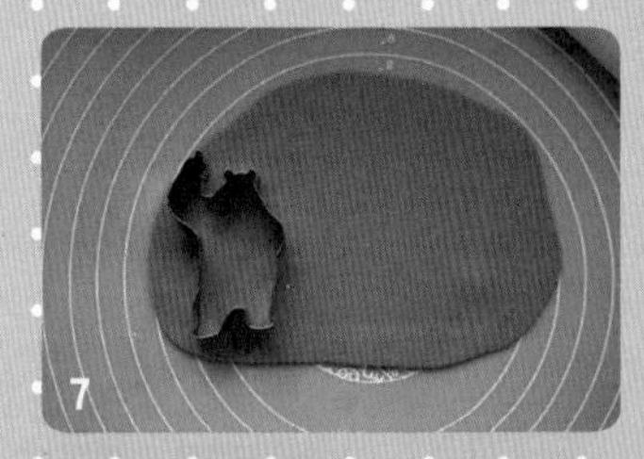

7 饼干烤好后一遍冷却一边制作翻糖部分：取一块白色的翻糖膏，加入适量的咖啡色色素，揉成咖啡色翻糖；

8 把翻糖擀成薄片，用模具切割，然后背面刷一层清水，粘贴在饼干表面；

9 再在裱花袋里隔热水融化一些黑巧克力，画出熊大的眼睛、鼻子和嘴巴即可。

1．翻糖膏是白色的，使用的时候，需要什么颜色，就加入什么颜色的食用色素揉匀即可，不使用的时候要密封冷藏保存；
2．可以全部用普通面粉制作。

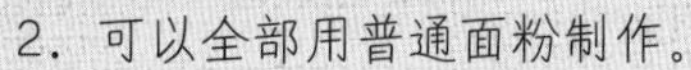

圣诞小狗饼干

需要用到的工具

手动打蛋器
橡皮刮刀
不锈钢打蛋盆
电子秤
面粉筛
案板
擀面杖
A4 纸
笔
剪刀
锡纸
保鲜膜
小刀
裱花袋

材料

饼干部分：
黄油 50 克
糖粉 25 克
鸡蛋 30 克
低筋面粉 100 克
可可粉 10 克

翻糖部分：
白色翻糖膏适量
食用色素适量

糖霜部分：
蛋白糖霜适量
食用色素适量

1 先准备一张 A4 纸，画出这五个狗狗的图案；

2 黄油软化后放入盆中拌匀；

3 加入糖粉 25 克，先用刮刀拌匀，再用手动打蛋器搅拌均匀；

4 分两次加入鸡蛋，顺着一个方向搅拌均匀；

5 将低筋面粉和可可粉混合筛入，用刮刀翻拌或者手抓均匀，成为均匀的面团；

6 把面团放在案板上擀成薄片，然后把狗狗的图案剪下来，贴在面片上，用小刀刻出来，放在铺好锡纸的烤盘上；

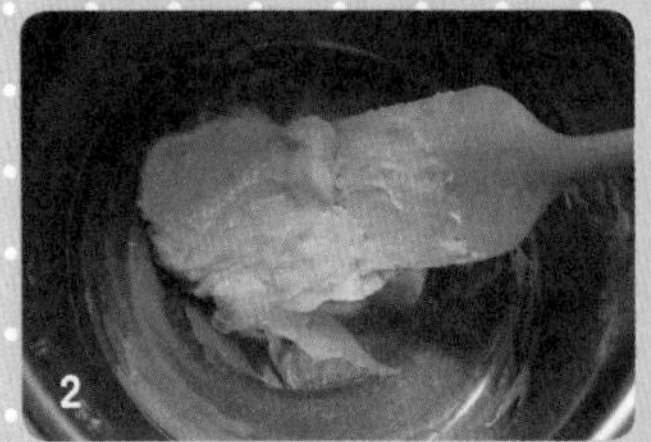

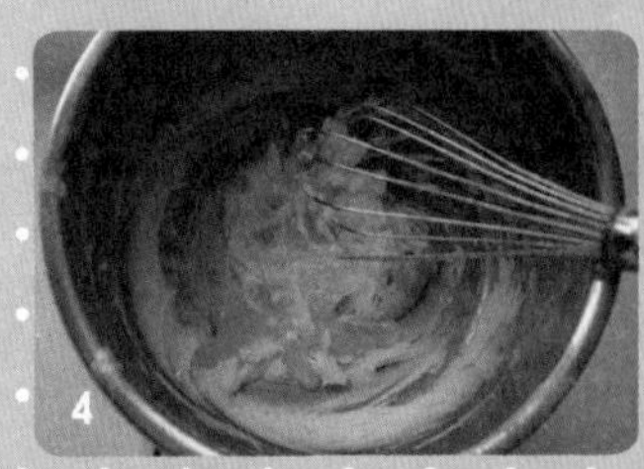

7 烤箱预热 170 摄氏度，上下火，中层，大约 15 分钟；取出后冷却备用；

8 开始制作翻糖部分：取两小块翻糖膏，分别加入绿色和红色的色素，揉成绿色和红色的翻糖膏；

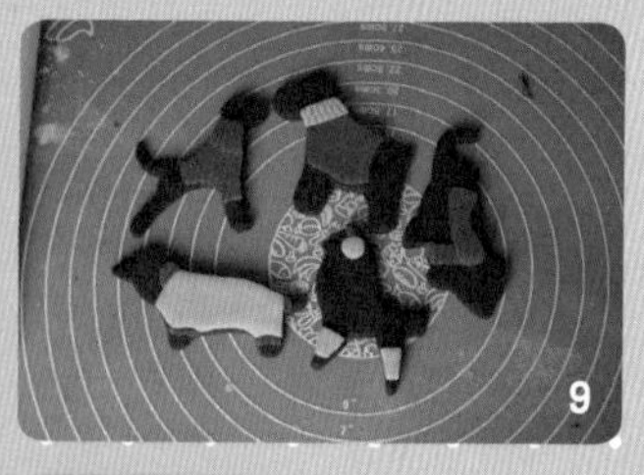

9 把揉好的翻糖膏擀成薄片，把之前用过的狗狗图案剪出需要的衣服部分，贴在翻糖膏片上，用小刀刻出来，背面刷清水，粘贴在已经冷却的饼干上；

10 然后制作蛋白糖霜部分：把一个蛋白打散，打出粗泡状，然后分三次加入 150 克糖粉，搅拌到浓稠状，取出一部分加入绿色的色素，做成白色和绿色糖霜两种，分别装入裱花袋；剪一个小口，用绿色的糖霜在衣服表面画出圣诞树的图案，然后用白色的糖霜在衣服表面画出雪花的图案，晾干即可。

1. 圣诞树和雪花也可以用翻糖去做，不过我没有这么小的模具，用小刀刻实在比较麻烦，所以糖霜更容易做细小的装饰；
2. 如果做原味的饼干，就省略可可粉，用等量的面粉代替。

蛋白糖霜的做法

材料

蛋白 1 个、糖粉 150 克左右、柠檬汁适量

1 蛋白放入无油无水的容器中（蛋白中不能有蛋黄和水、油）；

2 用电动或者手动打蛋器顺着一个方向搅打到出现丰富而细腻的泡沫；

3 加入 50 克糖粉，继续搅打，直到液体开始发白并变得浓稠；

4 再加入 50 克糖粉，继续打发，直到液体更加浓稠且变得细腻，表面没有大泡沫；

5 最后再加入 50 克左右的糖粉，继续搅拌到更加细腻，提起打蛋器的头，滴落的液体可以形成纹路，且保持几秒钟即可；

6 如果需要做彩色的蛋白糖霜，则把白色的糖粉分成几份，在里面分别加入一两滴色素搅拌均匀即可。

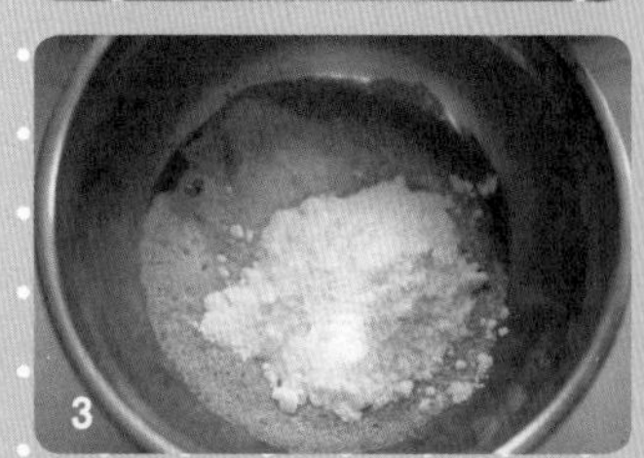

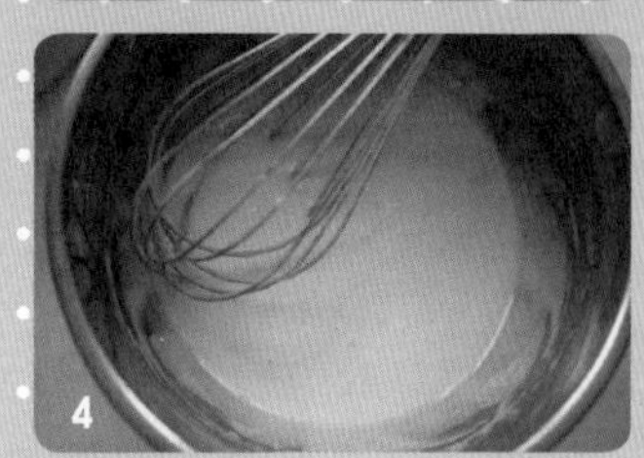

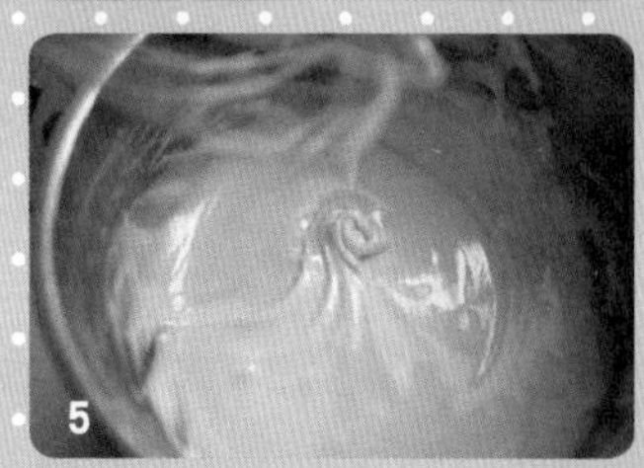

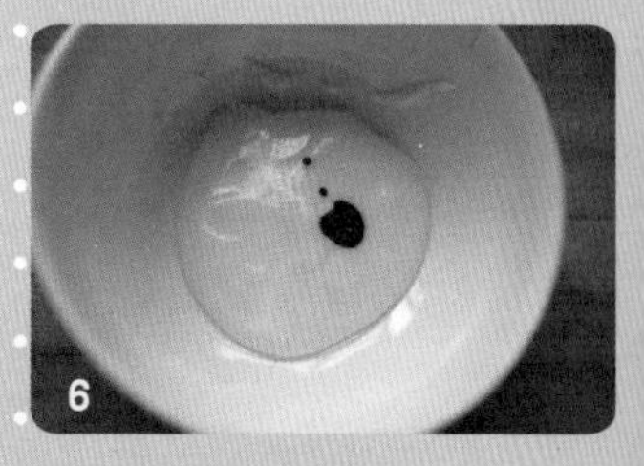

1. 一般做勾边用的糖霜会比较浓稠，而填色用的糖霜需要相对稀一些，可以用柠檬汁来调节自己需要的浓稠度；

2. 蛋白一般是指一个净含量 50 克的鸡蛋的蛋白，由于蛋白重量不同，所以糖粉总量仅供参考，最后一次不要全部放完，浓稠度合适就可以了。相同的，如果鸡蛋个头比较大，有可能还需要增加一些糖粉。

糖霜小马饼干

核桃是属马的，而我又姓马，所以对马的好感就不言而喻咯。特别喜欢这几个造型，很喜气，提供了图片给大家，不妨和孩子一起试试吧。

材料

蛋白糖霜部分：

蛋白 1 个

糖粉 150 克

食用色素适量

饼干部分：

黄油 50 克

糖粉 20 克

鸡蛋 25 克

低筋面粉 130 克

奶粉 10 克

需要用到的工具

手动打蛋器

橡皮刮刀

不锈钢打蛋盆

电子秤

面粉筛

案板

擀面杖

A4 纸

笔

剪刀

锡纸

保鲜膜

小刀

裱花袋

1

把小马图案画在一张白纸上，剪下来备用；

2

先来制作蛋白糖霜：蛋白放入无油无水的容器中，先用手动打蛋器打散；

3

继续顺着一个方向搅打，直到出现很多大而丰富的泡沫，即为粗泡状，这时加入 1/3 的糖粉，继续搅拌；

4

等到糖霜开始变得浓稠而细腻，再加入 1/3 的糖粉，继续搅拌，直到提起打蛋器滴落的糖霜会出现转瞬即逝的纹路；

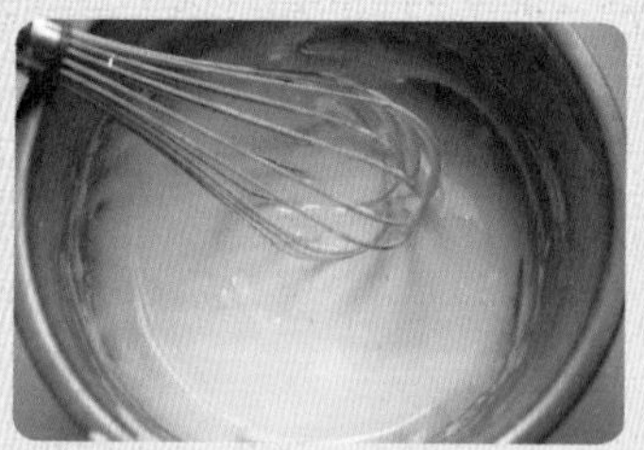

5

再加入最后 1/3 的糖粉，搅拌到提起打蛋器，滴落的糖霜可以在表面保持几秒钟的纹路即可；

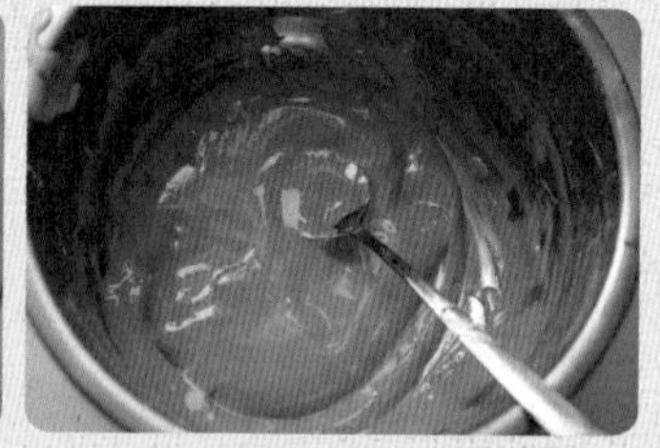

6

把糖霜分为两份，其中一份加入红色的色素，搅拌均匀，白色和红色的糖霜盖上保鲜袋，放一边待用；

7
然后开始制作饼干：黄油软化后放入盆中，先用刮刀拌匀；

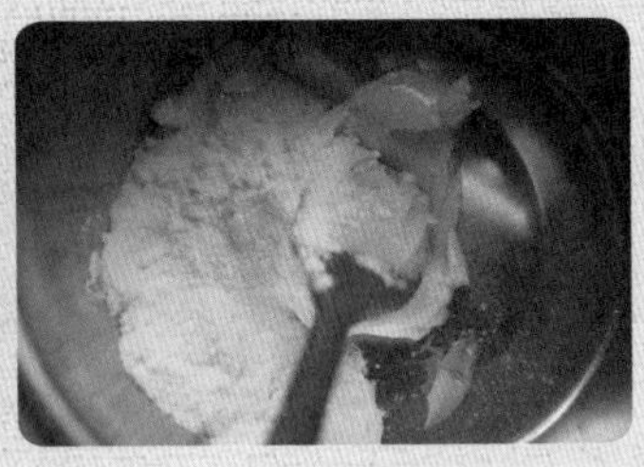

8
加入糖粉，先用刮刀拌匀，再用手动打蛋器搅拌均匀，直到颜色略微变白，体积有所膨大；

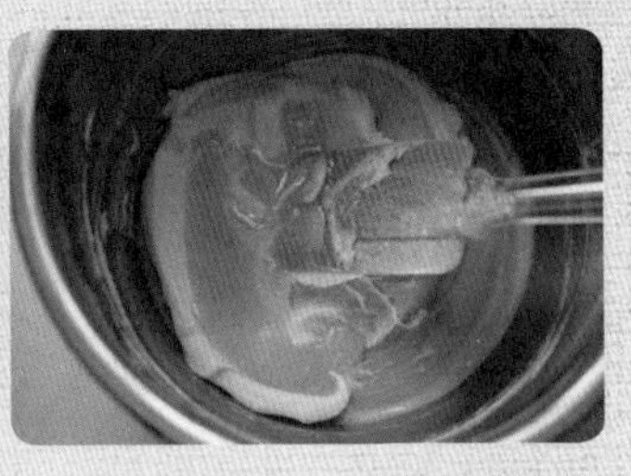

9
分两次加入鸡蛋，每次都要彻底搅拌均匀后再加入下一次，搅打完的状态应该是浓稠而轻盈的，提起打蛋器，黄油糊会呈羽毛状；

10
将低筋面粉和奶粉混合过筛，然后用刮刀以由下往上的方式翻拌成无干粉的面团，不要过度翻拌；

11
把面团放在案板上擀成薄片，用小马图案的纸片放在面片上，用小刀刻出来，摆入铺了锡纸的烤盘；

12
烤箱预热 165 摄氏度，上下火全开，放在烤箱中层，烤 15 ～ 18 分钟，表面上色即可。

13
糖霜冷却后装入裱花袋，在饼干表面画出自己喜欢的图案即可，这一步孩子们可以任意发挥。图中的做法是先用红色糖霜在表面涂满，待彻底晾干之后，再用白色糖霜在上面勾画出纹路。

1. 糖霜要晾干一层之后才能在上面涂画，否则会晕染；

2. 自己打磨的糖粉，需要过筛后再使用，如果糖粉里有颗粒，做出来的糖霜也会看到颗粒哦。

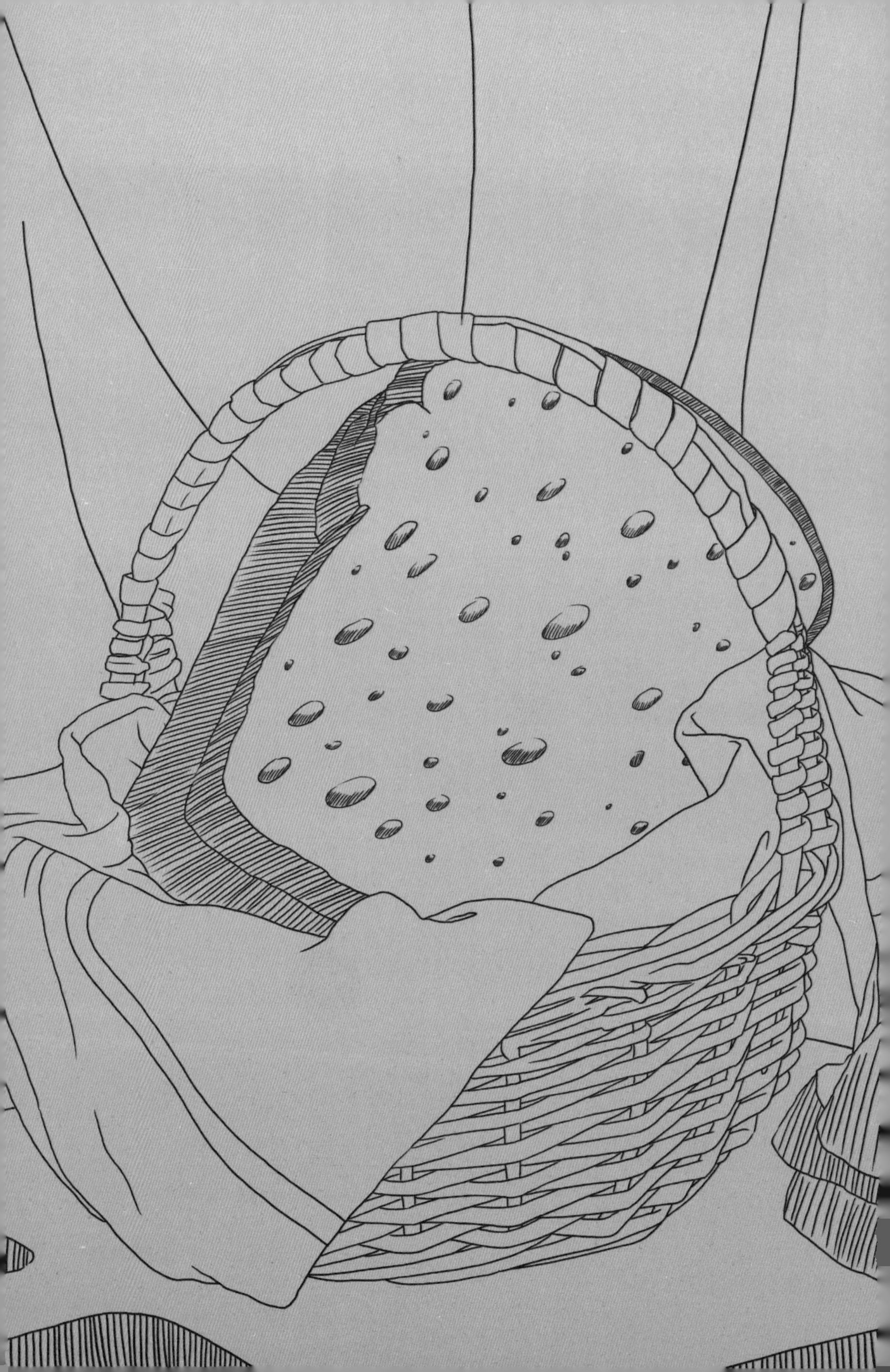

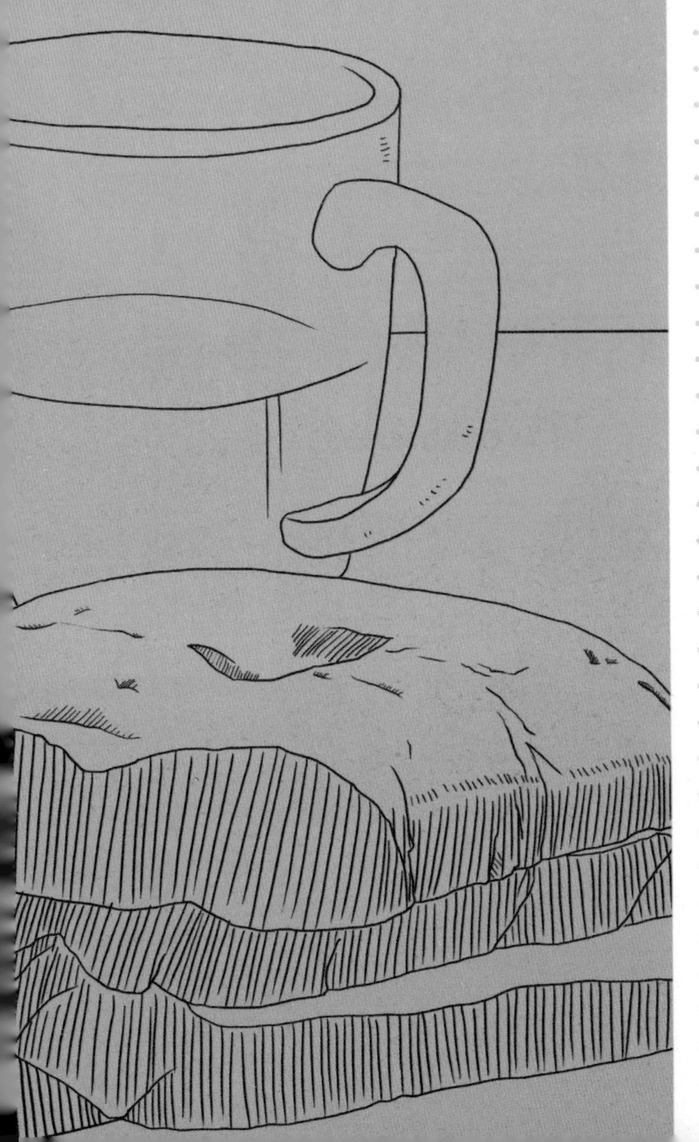

Chapter 6 没有烤箱也不必懊恼款

作为一本给宝宝写的美食书，怎么会只有烤箱食谱呢？尽管烤箱已经非常普及，但是也还有很多不用烤箱也能做出来的美味点心啊！比如说各种布丁、糖果和酱料，你用到的可能是面包机、平底锅、冰箱等工具。

这一章介绍给大家的，更多是举一反三的做法。比如说糖霜核桃，你也可以做成糖霜腰果；再比如说大米糕，你也可以做成糯米糕。一种做法，其实可以适用于很多种食材。给宝宝做出各种花样的零食很简单，也邀请他们一起制作吧。

小久妈
摄影师
小久
性别：男
生日：2015 年 1 月

我会给他看面团的发酵，从小小的一块变成大胖子

和小久妈的对话：

个人是更喜欢一些米糕啊、面包啊、肉松啊之类可以管饱的零嘴。而小久也喜欢这些花样，看着面包机在工作的时候，总是给我比划看到的里面的东西。我会给他看面团的发酵，从小小的一块变成大胖子；给他看做果酱或者肉松时，里面搅拌棒的搅拌。现在每次吃肉松拌稀饭的时候，他都会指着面包机给我看，因为他知道，肉松是这个家伙做出来的。

我觉得孩子的兴趣都是靠后天培养的，你赋予他什么眼界，他就会看到什么，就会做什么。我没想让他当个厨师，但是我觉得好的厨师和好的摄影师都有一个共性，那就是注意细节。

让孩子一起动手，因为：

- 用手去抓揉面团，有什么能比这更亲近地接触食物呢?
- 我们可以用很多平常接触比较少的新鲜食材来让孩子们感兴趣，也同时让他们认识更多食物的不同之处；
- 坚果在烘烤之后，和之前吃起来的会有什么不同吗?

橙子果冻

需要用到的工具

小刀
榨汁器
勺子
小锅
电子秤

参考分量

1 个橙子

材料

橙子 1 个
吉利丁片 1 片
细砂糖 20 克
清水适量

1 橙子洗干净对半切开；

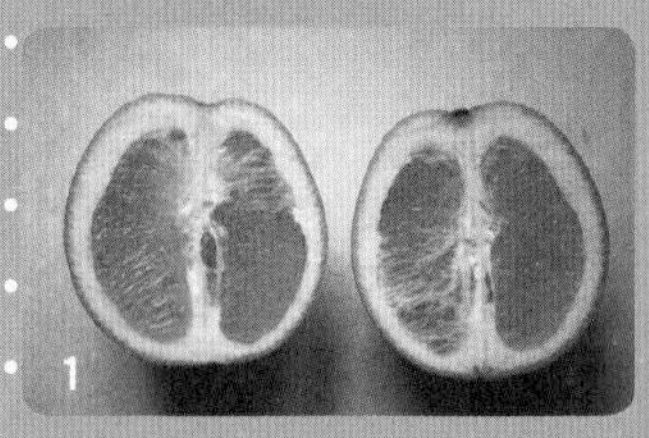

2 用勺子取出果肉，把果肉放在碗中；

3 用榨汁器或者勺子把橙汁挤出来倒在小锅中；

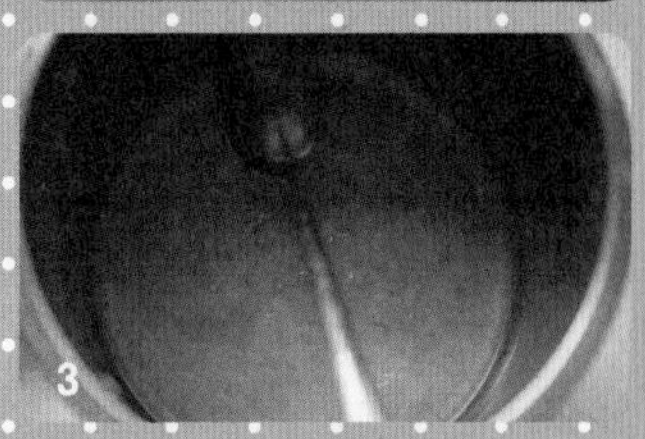

4 加入细砂糖，再加入一些清水，搅拌均匀；

5 吉利丁片用冷水泡软；把有橙汁的小锅放在火上，小火加热，然后放入泡软的吉利丁片，搅拌均匀，直到吉利丁片彻底融化；

6 关火，把橙汁倒入两半的橙皮中，放入冰箱冷藏 4 小时以上，直到彻底凝固；

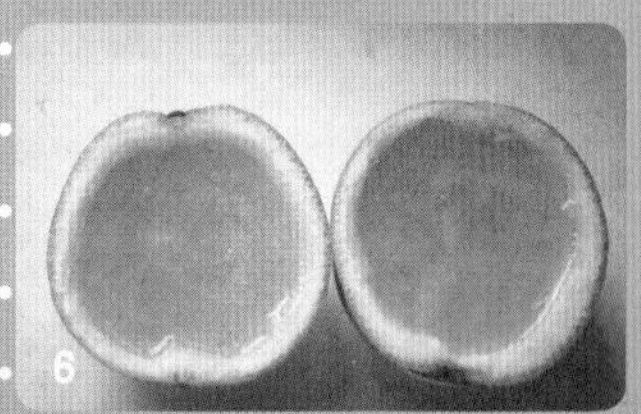

7 取出后切成小瓣食用。

1. 如果想做多一点，按照比例增加即可。橙子如果够甜可以少放一点糖；
2. 如果使用鱼胶粉，与吉利丁片是等量，直接放入温热的橙汁中拌匀即可。

三文鱼肉松

需要用到的工具

小刀
小锅
面包机

参考分量

适量

材料

三文鱼肉一盒
葱段、姜片适量
香油适量
酱油少许

1 （三文鱼肉洗净切小块备用）锅里添水，放入葱段、姜片煮沸；

2 然后加入三文鱼肉焯水；

3 把焯熟的三文鱼肉放入面包机内；

4 加入一点香油和酱油；

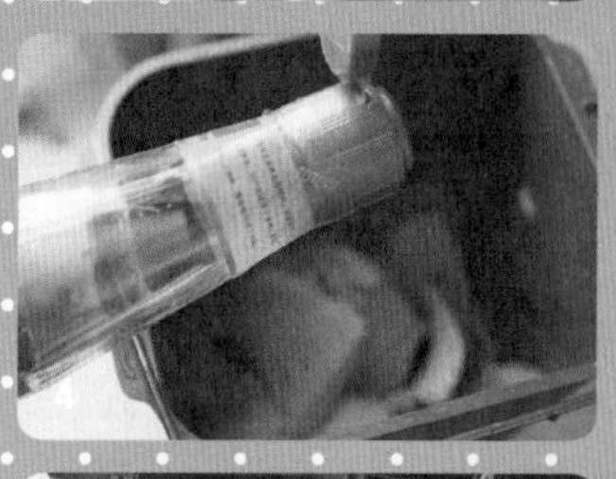

5 开启面包机的肉松模式，根据需要可以重复这个程序，直到肉松呈现出你想要的干湿程度即可。

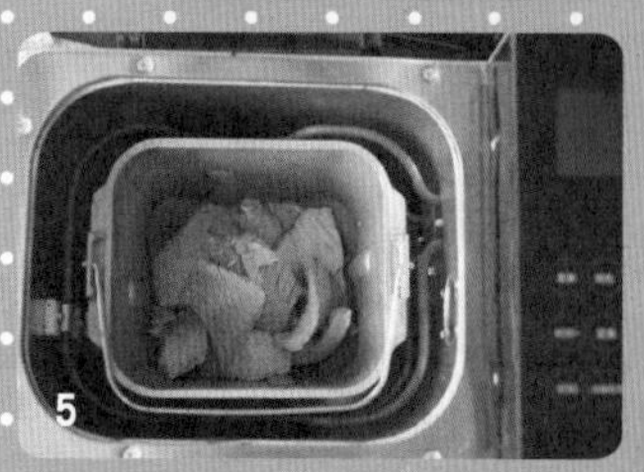

1. 三文鱼也可以换成鸡肉、牛肉，不过要在放入面包机之前稍微切碎一点，这样更容易搅拌均匀；
2. 如果是大孩子吃，也可以将味道再调得浓郁一些，比如放一些糖、盐。

椰子糕

需要用到的工具

手动打蛋器
小锅
蛋糕模
保鲜膜
电子秤
量勺

参考分量

图中 11 厘米 ×6 厘米 ×3 厘米
模具 1 个

材料

椰浆 80 克
牛奶 120 克
玉米淀粉 30 克
细砂糖 20 克
炼乳 1 小勺
椰蓉适量

1 把牛奶倒入小锅中开小火熬煮；

2 再加入椰浆；

3 再加入细砂糖和炼乳，一边煮一边用手动打蛋器搅拌均匀；

4 加入玉米淀粉，继续顺着一个方向搅拌；

5 搅拌到提起打蛋器可以缓缓滴落，比较黏稠的状态，关火；

6 准备一个小号蛋糕模，底部撒满椰蓉；（为方便脱模，可以先在模具里面铺一层保鲜膜，再撒椰蓉，也可以用玻璃或硅胶模具）

7 将煮好的液体倒入模具中，放入冰箱冷藏一夜；

8 第二天脱模切小块，在装满椰蓉的盘子里沾一下，让四周均匀地包裹一层椰蓉即可。

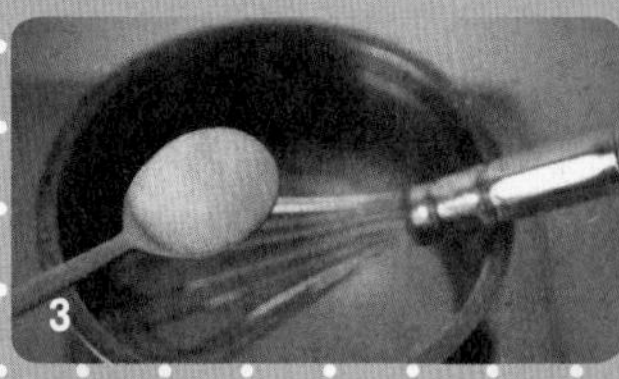

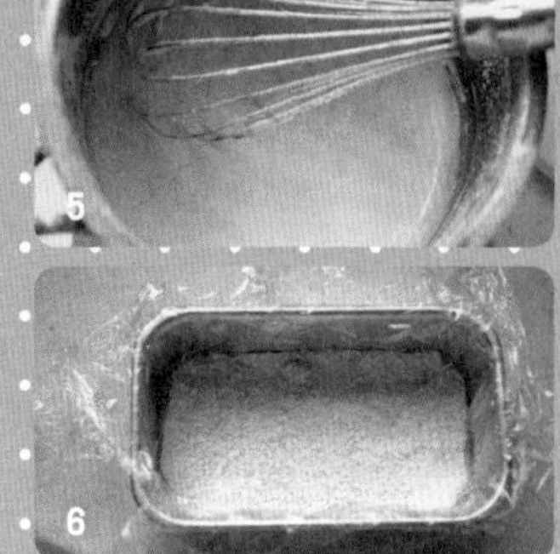

1. 没有炼乳可以省略；
2. 也可以倒入布丁模中，做出各种造型。

铜锣烧

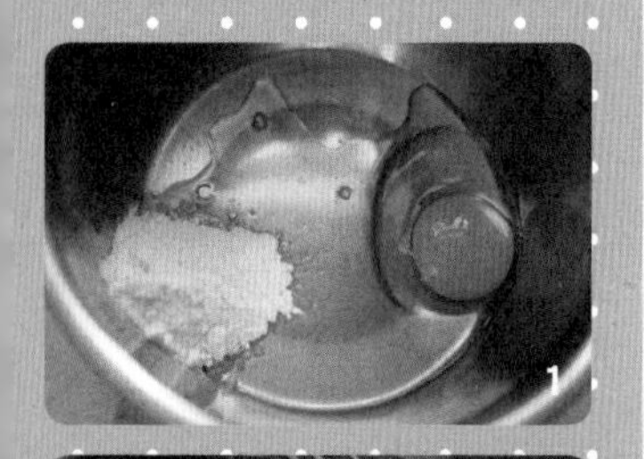

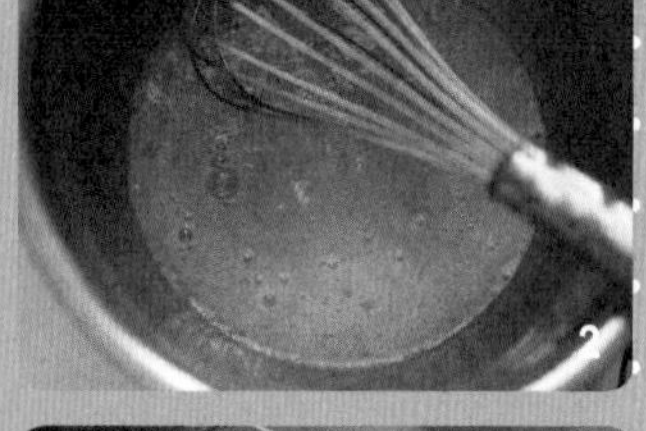

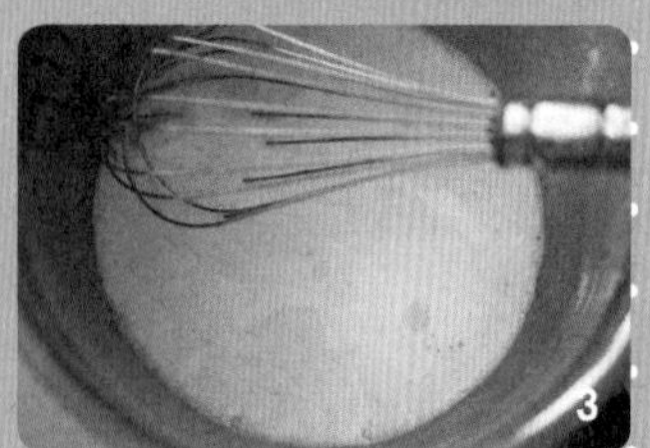

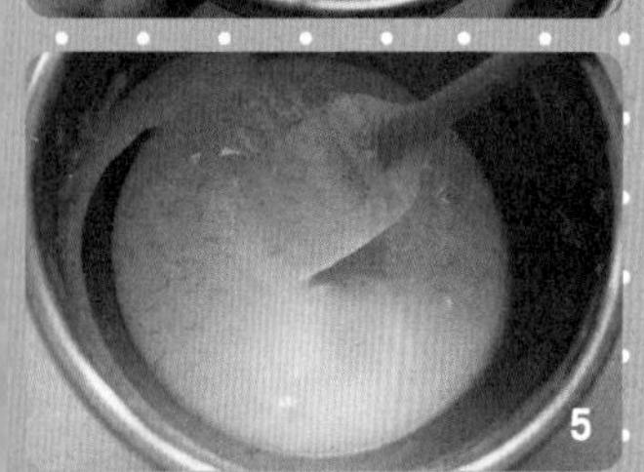

需要用到的工具

打蛋盆
手动打蛋器
橡皮刮刀
电子秤
量勺
面粉筛
保鲜膜
不粘锅

材料

鸡蛋 1 个
低筋面粉 100 克
牛奶 100 克
糖粉 25 克
玉米油 10 克
泡打粉 1/2 小勺
小苏打 1/4 小勺
豆沙适量

参考分量

大约 10 片

1 鸡蛋放入盆中，加入糖粉；

2 用手动打蛋器顺着一个方向搅拌均匀；

3 加入牛奶，再次搅拌均匀；

4 将低筋面粉、泡打粉和小苏打混合筛入；

5 用刮刀翻拌成均匀的面糊；

6 把拌好的面糊盖上保鲜膜，室温静置 20 分钟；

7 再次把面糊拌匀，开小火，把不粘锅放在火上，倒入玉米油，然后舀一勺面糊到锅子中间，面糊会散开成一个圆形；

8 直到面糊表面开始出现很多大气泡并陆续破裂，翻面；

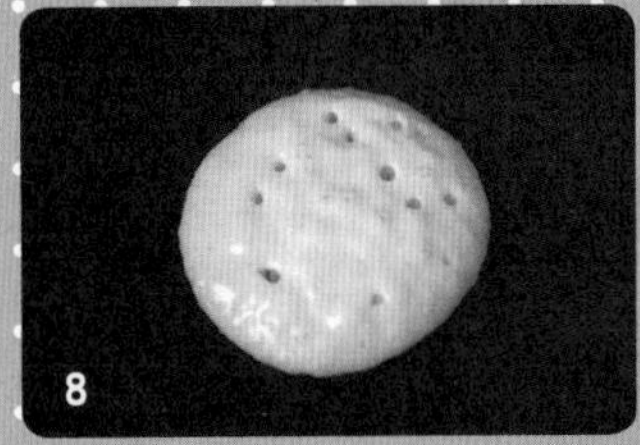

9 等到两面都是金黄色，就可以取出放在盘子里冷却；

10 全部煎好，等到全部冷却之后，我们可以取一些豆沙作为夹心；

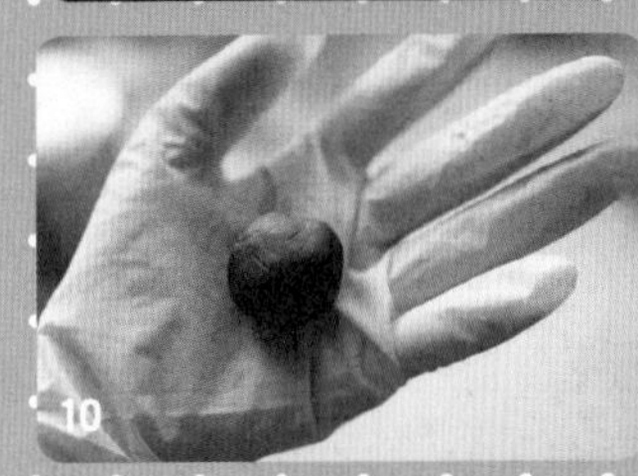

11 把豆沙放在手心揉成小球，再按扁，夹在两片面饼之间即可。

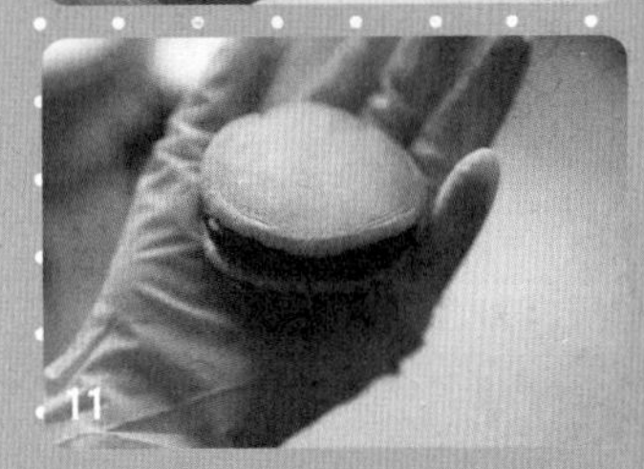

1. 如果想吃巧克力味和抹茶味的，可以用可可粉或者抹茶粉代替等量面粉；
2. 夹心也可以选择果酱。

冰皮月饼

吃月饼不一定要等到中秋节，而冰皮月饼的做法又非常简单，有冰箱就够了。冷藏的冰皮月饼口感QQ糯糯的，更像下午茶的小茶点呢！

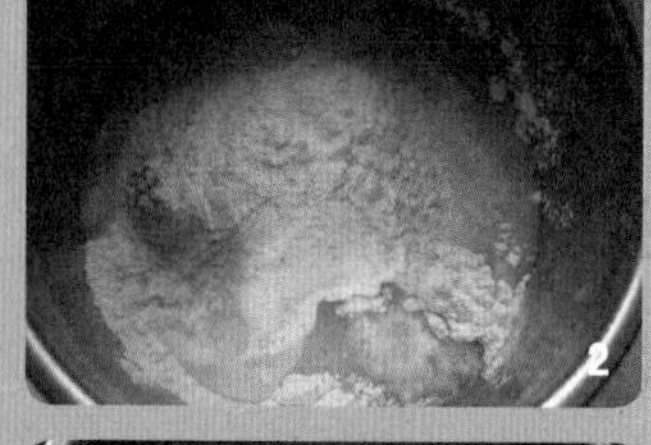

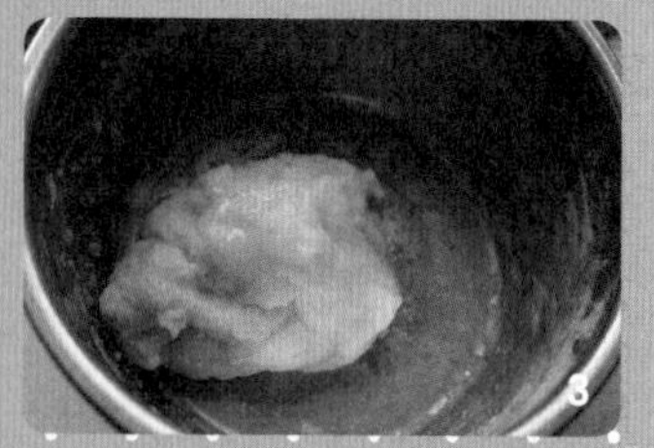

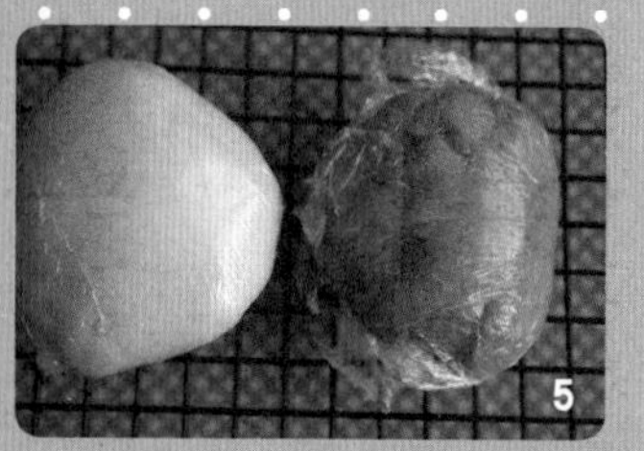

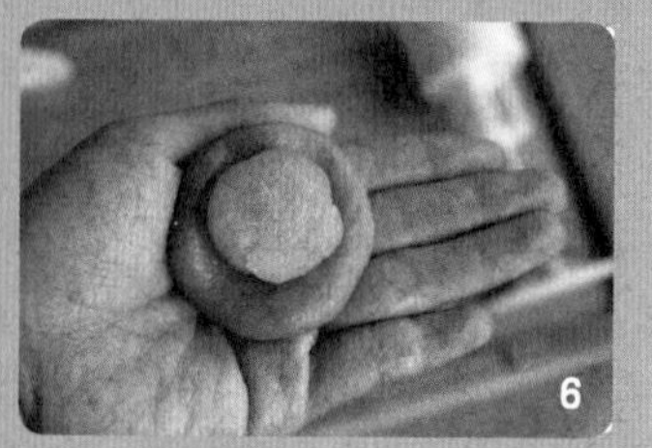

需要用到的工具

电子秤
不锈钢盆
量勺
50 克月饼模
冰箱
案板

材料

冰皮部分：
冰皮粉 200 克
温水 80 克
白油 20 克
抹茶粉 1 小勺
南瓜粉 1 小勺

馅料部分：
水果月饼馅适量

1 将冰皮粉放在盆中；

2 加入温水，用手揉成均匀的面团；

3 加入白油，再次揉成光滑不黏手的面团；

4 把面团分成两份，一份加入抹茶粉，一份加入南瓜粉，分别揉均匀；

5 把两个颜色的面团都放入冰箱冷藏 20 分钟；

6 取出后每种颜色都分成 25 克一个的小圆球，取一些现成的水果月饼馅，分成 25 克一个的小圆球，把冰皮小球放在手心按扁，然后包入一颗水果月饼馅；

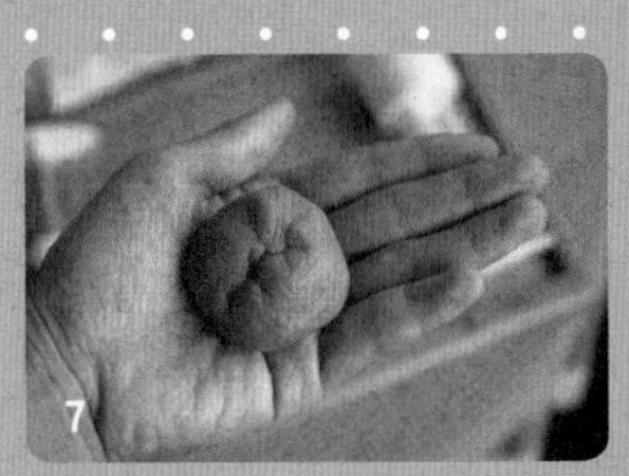

7 由下往上推挤，最上面收口收紧；

8 揉圆，收口朝下放在撒了冰皮粉的案板上，用月饼模垂直压下去造型即可；

9 做好的月饼放入冰箱冷藏之后口感更好。

TIPS

1. 冰皮粉是现成调配好的月饼粉，可以直接食用；
2. 没有白油可以换成软化的黄油；
3. 如果觉得25克月饼馅比较多不好包，可以适当减少。

另有法式乳酪月饼
制作教程扫码可看

糖霜核桃

我超喜欢各种坚果，尤其是核桃。有人觉得它苦涩，我倒是觉得那明明就是醇厚的香气嘛。

需要用到的工具

电子秤
小锅
刮刀

材料

核桃仁 100 克
水 40 克
细砂糖 80 克

1 核桃仁略切小块，清水洗干净之后，放入烤箱 150 摄氏度烤出香味；

2 小锅里加水，放入细砂糖，小火煮到浓稠颜色开始变黄，出现浓稠的大气泡；

2

3 加入核桃仁，用铲子或者刮刀搅拌均匀，让核桃表面都包裹一层糖霜即可；

3

4 冷却之后，就是非常香酥的核桃糖啦。你不妨试试看，当然啦，其他坚果也是一样的做法哦。

4

1. 核桃仁也可以换成其他坚果仁，如果果仁是熟的就不需要提前烤过了；
2. 核桃仁可以趁热倒进去，更容易裹上糖汁。

酸奶吐司

需要用到的工具

面包机
电子称

材料

高筋面粉 270 克
细砂糖 30 克
酸奶 100 克
牛奶 60 克
鸡蛋 1 个
黄油 25 克
酵母 4 克

1 把除了黄油以外的全部材料都放进面包机内，选择揉面程序；

2 30 分钟一个揉面程序完成以后，放入黄油，再次选择揉面程序；

3 第二个揉面程序结束以后，选择发酵程序，一共发酵 1.5 小时左右，直到膨胀到面包桶的八分满；

4 然后选择烘烤程序，设定 35 分钟，烧色中，750 克；

5 烘烤结束后稍微冷却一下再取出面包，完全冷却之后再切片食用。

1. 酸奶选择原味的口感更好，不会太抢味；
2. 面包机做面包非常简单，你也可以用一键功能来制作。

椰蓉芝士球

需要用到的工具

电子秤
刮刀
手动打蛋器
量勺
油布
盘子

参考分量

大约15块

材料

奶油奶酪100克
糖粉15克
牛奶10克
葡萄干适量
核桃仁适量
椰蓉适量

1 葡萄干提前清水泡软；

2 奶油奶酪切小块隔热水软化后放入盆中，用刮刀拌匀；

3 加入糖粉，用手动打蛋器搅拌均匀；

4 加入牛奶，再次搅拌均匀；

5 放入烤熟的核桃仁和沥干水分的葡萄干，用刮刀翻拌均匀；

6 用量勺中的大勺舀一平勺奶酪糊，然后放在油布上；

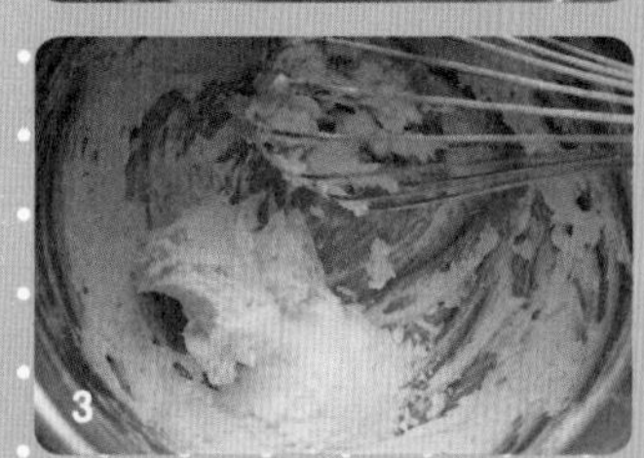
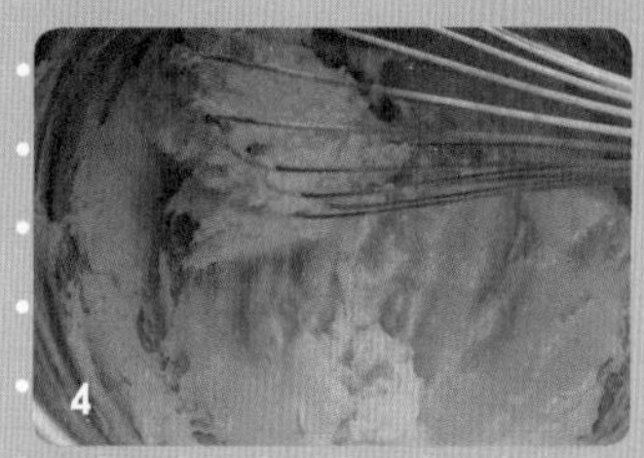

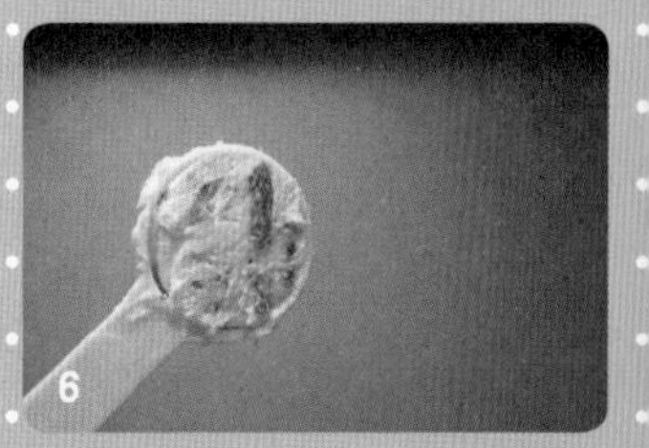

1. 葡萄干也可以用朗姆酒浸泡，更有风味；
2. 冷藏之后口感更佳。

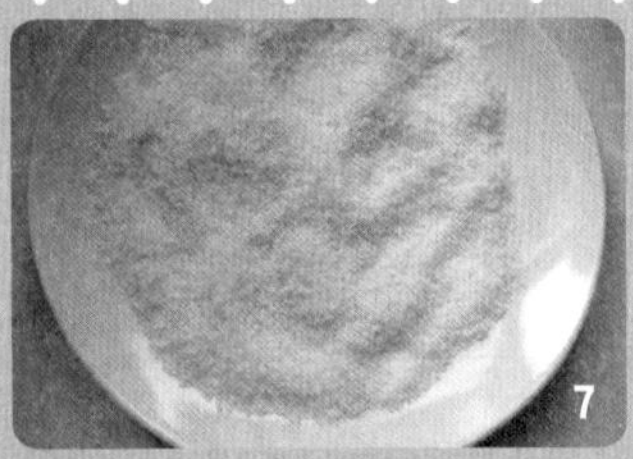

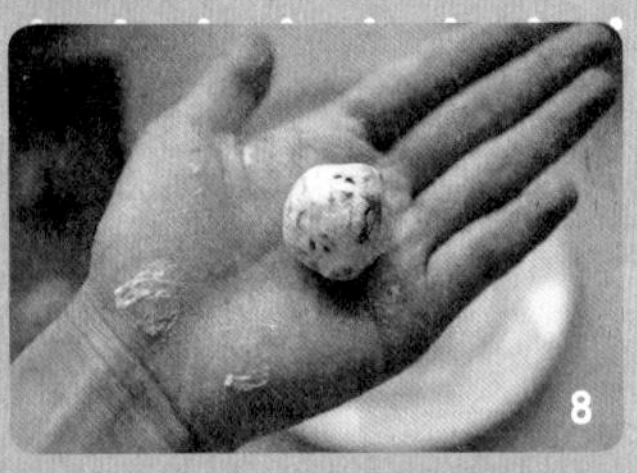

7 准备一个盘子，里面放上椰蓉；

8 然后取一块奶酪在手中揉圆；

9 再放到椰蓉里滚一下，让表面全部包裹上椰蓉即可。

榴莲班戟

班戟是港式甜品的经典，这么洋气的甜品和孩子一起完成，在孩子的同学会上一定得让其他的爸爸妈妈十分羡慕吧！

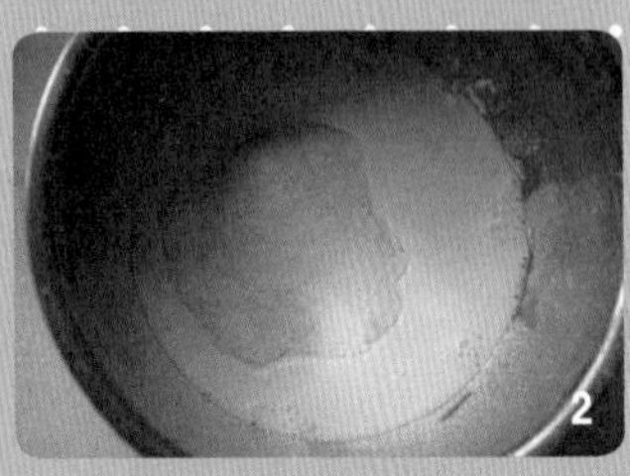

需要用到的工具

电子秤
筛子
保鲜膜
不粘锅
手动打蛋器
小勺

参考分量

约 4 张

材料

班戟部分：

黄油 5 克
牛奶 85 克
低筋面粉 18 克
玉米淀粉 10 克
鸡蛋 1 个
糖粉 8 克

夹馅部分：

淡奶油 200 克
细砂糖 20 克
榴莲肉适量

1 将低筋面粉、玉米淀粉和糖粉混合筛入大盆中；

2 加入牛奶拌匀；

3 缓缓加入打散的鸡蛋液，一边加入一边搅拌均匀；

4 融化黄油，然后加入拌好的面糊中，再次搅拌均匀；

5 将面糊过筛，去除小颗粒，让面糊更加细腻；

6 把面糊舀一勺在不粘锅的中心，慢慢转动四周，让面糊摊开成一个均匀的圆形；

7 开小火，煎到一面金黄再翻面去煎，两面金黄就可以出锅了，全部煎完之后放入冰箱冷藏 15 分钟，同时制作一些打发的淡奶油；

8 将 200 克淡奶油加入 20 克细砂糖打发到提起打蛋器竖起一个尖角状；

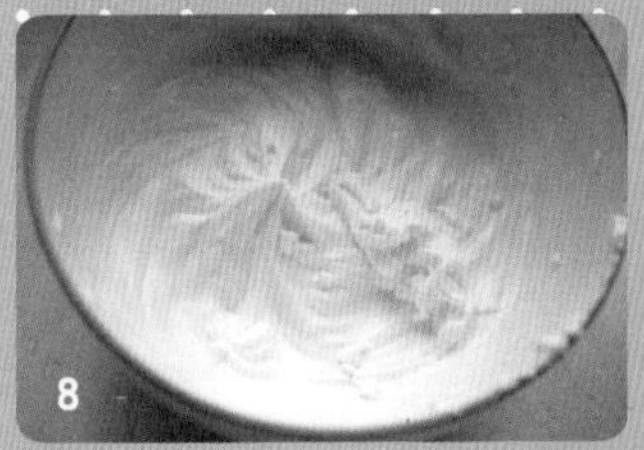

9 取一张班戟皮摊平，在中间抹上一层淡奶油，再在上面放一块榴莲肉；

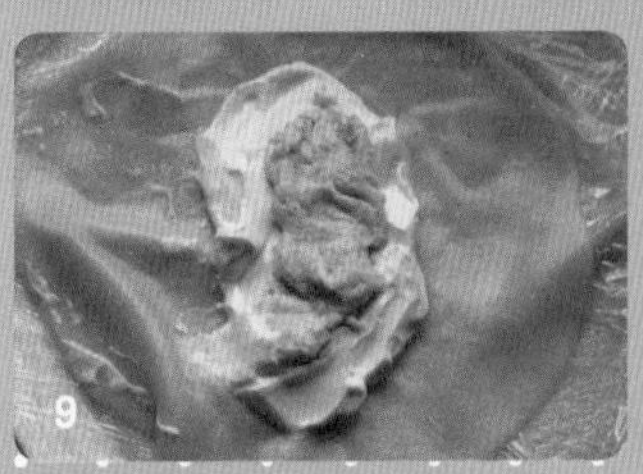

10 像叠被子一样，左右上下地对叠起来，班戟就做好了。

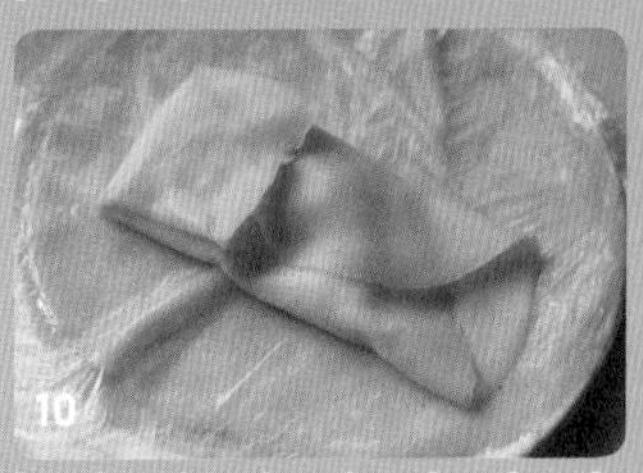

1．为了防粘，可以在每层班戟皮之间放上一层油纸或者保鲜膜；
2．如果一张班戟皮夹一层奶油，再放一张班戟皮这样堆叠起来的圆形，就是千层蛋糕啦。

大米糕
除了稀饭和米饭，大米还能做蒸糕，而且是酵母发酵的，很适合孩子吃。

需要用到的工具

电子秤
破壁机
微波炉
刮刀
保鲜膜
裱花袋
硅胶蛋糕模
蒸锅

参考分量

约 9 个

材料

大米 180 克
牛奶 175 克
干酵母 3 克
细砂糖 25 克
蔓越莓干或葡萄干、芝麻适量

1 大米放入破壁机中，选择坚果功能，打磨成粉状；

2 把磨好的米粉倒入碗中备用；

3 把牛奶倒入大碗中，放入微波炉加热 30 秒，到温热，然后加入细砂糖和干酵母，搅拌均匀；

4 然后把大米粉倒入，用刮刀拌成均匀的面糊；

5 把面糊盖上保鲜膜，室温发酵 1 小时；

6 再次把面糊拌匀，装入裱花袋；

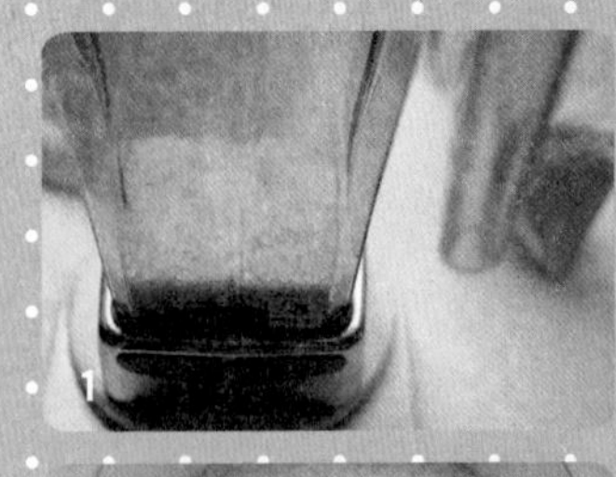

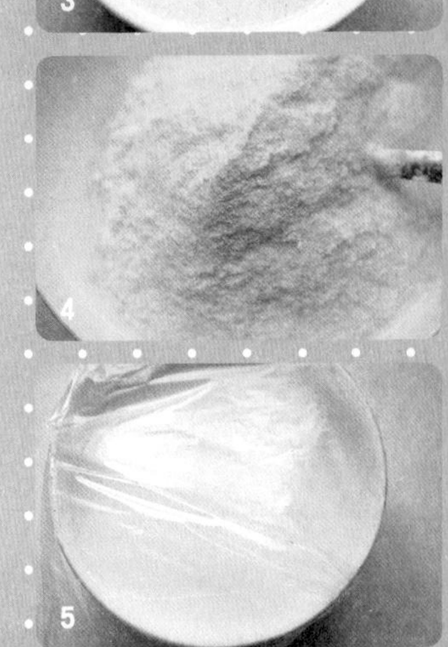

1. 硅胶蛋糕模是耐高温的，可以放入蒸锅直接使用，如果没有蒸锅可以用小碗，但是需要增加蒸的时间；
2. 米糕的面糊里面也可以放一些南瓜丁、紫薯丁之类的一起蒸，也可以用破壁机打一些南瓜泥或者紫薯泥作为夹馅用裱花袋挤入米糊中心一起蒸。

7 挤入硅胶蛋糕模中约七分满；

8 在表面撒一些蔓越莓干，或者葡萄干、芝麻等装饰；

9 再次发酵 20 分钟，放入已经添好冷水的蒸锅中，隔水大火蒸 20 分钟，然后关火焖几分钟即可。

另有牛轧糖
制作教程扫码可看

香浓奶糖

没有小朋友不爱吃糖的，但是作为妈妈的我们，一定得控制宝宝吃糖的次数。除了这样，你还应该自己来做奶糖。只需要两种食材就可以让孩子告别无数的添加剂。

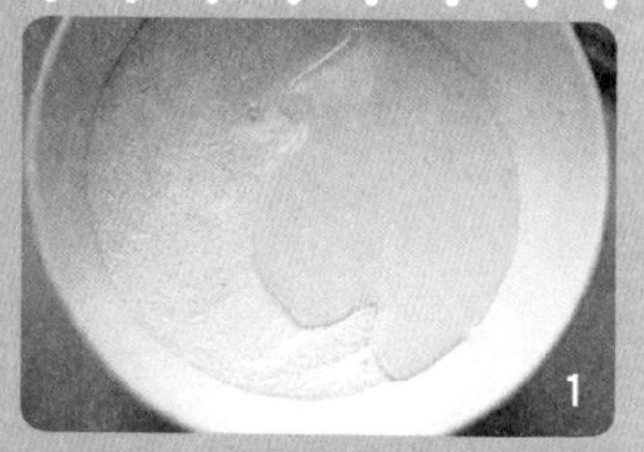

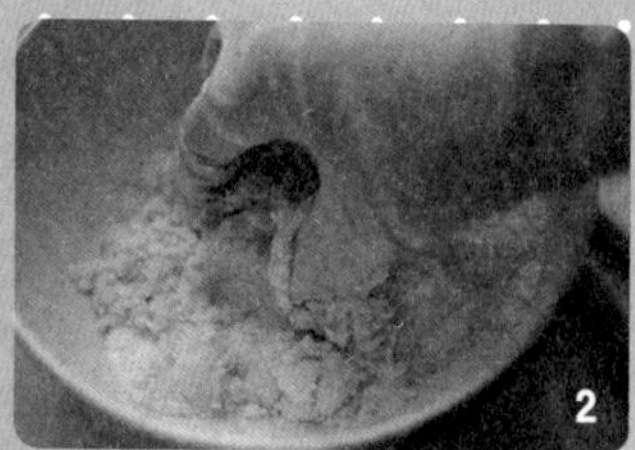

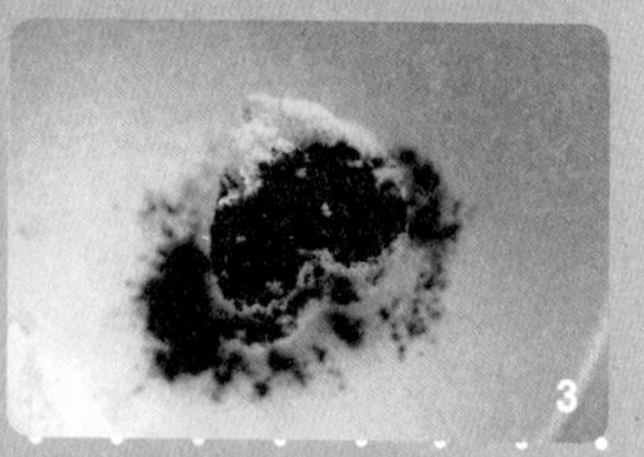

需要用到的工具

电子秤
小碗
糖果纸
油布或锡纸

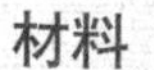

材料

全脂奶粉 70 克
原味炼乳 30 克
抹茶粉或可可粉适量

1 把奶粉和炼乳放入碗中；

2 用手抓揉成均匀的团状；

3 如果要做不同的几种味道，就分成几份，分别加入一点点可可粉或者抹茶粉来调色调味；

4 如果做原味的，就直接分成若干等大的小圆球，在手心揉圆；

5 把揉好的奶糖放在油布或者锡纸上；

6 把糖果纸裁着适合的大小，取一块奶糖球放在糖纸上，包裹起来，两端向相反的方向拧几下，糖纸就包好了。

1. 暂时不用的奶糖团要盖上保鲜膜，避免风干；
2. 奶糖不要做得太大，小小的才精致美观哈。

酸奶水果布丁杯

布丁也是小朋友爱的零食之一，自己做的布丁健康又美味，重点是可以享受这个 DIY 的过程。孩子喜欢什么，就什么都可以加。

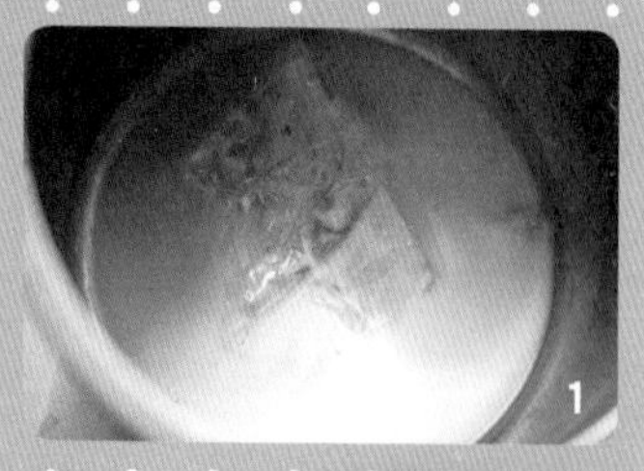

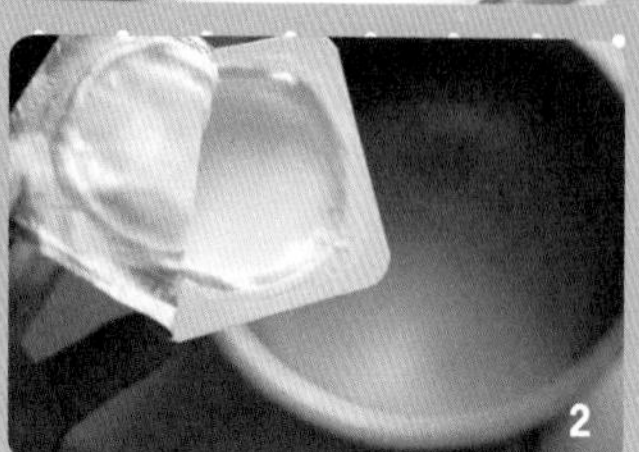

需要用到的工具

电子秤
小锅
布丁杯
冰箱

材料

酸奶 100 克
热牛奶 25 克
吉利丁片 1 片
橘子适量

参考分量

图中布丁杯 2 个

1 吉利丁片放入冷水中先泡软，牛奶倒入小锅中小火加热，将泡软并沥干水分的吉利丁片放进去，搅拌均匀；

2 牛奶液放凉片刻，倒入酸奶，搅拌均匀，布丁液就做好了；

3 取两个布丁杯，先在底部铺上一些橘子丁；

4 将混合好的布丁液倒进布丁杯，高度随意，一半或八分满为最佳，放入冰箱冷藏 4 小时以上至完全凝固；

5 然后再切一点橘子丁或者其他水果丁，放在布丁的表面即可。

1. 酸奶要选择稍微浓稠一点，且甜一点的，如果觉得不够甜，可以放一点点糖粉；
2. 吉利丁片和鱼胶粉的作用是一样的，用量也是相同的，不过鱼胶粉要直接加入到热牛奶里融化。

鸡蛋卷

我小时候，最喜欢的就是看街边做蛋卷的，通常都是有好几个蛋卷机一起做，一翻一翻的，蛋卷皮就出炉一个，然后麻利地被卷起来，摞在旁边。我怀孕的时候也特别爱吃蛋卷，其实一个平底锅就可以满足我的心愿了。

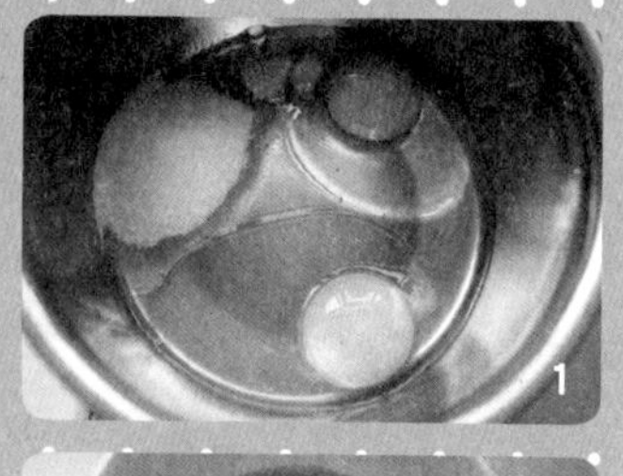

1

2

3

4

5

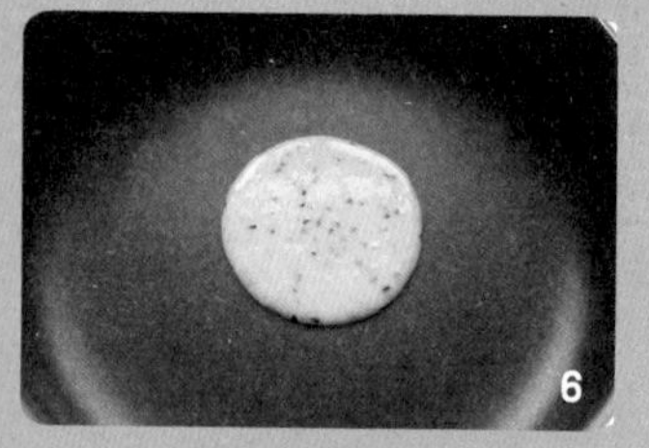

6

需要用到的工具

电子秤
不粘平底锅
不锈钢打蛋盆
手动打蛋器
刮刀
小勺
面粉筛
筷子
隔热手套

材料

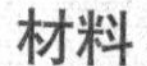

低筋面粉 55 克
鸡蛋 2 个
细砂糖 45 克
黄油 50 克
黑芝麻 10 克

做法 Method

1 鸡蛋放入盆中，加入细砂糖，用手动打蛋器搅打均匀；

2 把黄油融化成液体；

3 稍微冷却一点倒入鸡蛋糊中，搅拌均匀；

4 筛入低筋面粉，用手动打蛋器或者刮刀翻拌成均匀的面糊；

5 加入黑芝麻再次拌匀；

6 把拌好的面糊用小勺舀一勺放入平底锅中心；

7 用手抓住锅柄从一侧开始绕圈转动，直到摊开成一个圆形的薄片；

8 开小火，煎到一面金黄后再翻面煎到金黄；

9 取出后趁热卷起来，可以借助筷子，如果不怕烫也可以用手，不过最好戴一个隔热手套，避免烫伤。

1. 面糊中有黄油，因此如果在室温比较低的情况下，面糊很容易变得比较稠，所以可以一直隔着热水保温，可以让面糊具有流动性；
2. 蛋卷只有趁热才能弯曲，不能离开锅太久，所以卷的时候要快一点哦；
3. 蛋卷酥脆的一个重点就是面糊一定要摊得够薄；
4. 煎好每一个蛋卷皮之后可以稍微让锅冷却一下，这样下一个面糊就不会一放上去就烫熟了，没法散开得更薄。

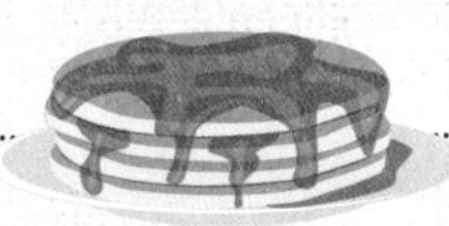

亲子食谱征集

从本书出版之日起一年内，
发送你最拿手的亲子食谱给我，
只要被我的微信订阅号“马琳的点心书”推送出来，
就有奖品送出哦。

食谱要求

1. 适合 0 ~ 12 岁孩子的食谱都可以；
2. 要有成品图、步骤图和食材、做法的说明文字；
3. 烹调方式不限，发送数量不限。

入选说明：

不定期公众号推送，必须是原创作品。

发送方式：

1. 发送到邮箱：277768223@qq.com；
2. 直接回复我的微信订阅号：马琳的点心书。

奖品：

熊猫亲子饭团压模